高等职业教育系列教材

面向初学者，还原真实项目开发流程 | 名师解惑，优化重、难点知识讲解

Web前端应用开发项目式教程（基于uni-app框架）

主　编 | 高秀艳　陈　辉　马　翔

副主编 | 石彦芳　范月坤　王　丹　马晓丽　李永红

参　编 | 张　莹　郭春雷　王　翔　李　珩　李会刚

胡金扣　郝艳荣　郑春雨　张佳吉　田　也

机械工业出版社
CHINA MACHINE PRESS

本书是一本基于 uni-app 框架的全流程开发项目化实战教材，以真实项目“启嘉校园”贯穿全书，按项目开发流程拆分成 11 个任务，每个任务中通过“任务描述”和“学习目标”帮助学习者明确学习内容与重、难点，通过“知识储备”讲解完成任务所需的理论知识，通过“任务实施”面向实际开发过程，分多个子任务和步骤讲解任务的实施过程，通过“任务测试”和“学习自评”检验任务实施效果和学习成果，通过“课后练习”巩固所学知识和技能，通过“任务拓展”拓展知识、强化实操练习。此外，本书还穿插名师解惑、逻辑分析、设计图分析等教学环节，能够帮助学习者深入理解学习内容。

本书可作为高职高专院校计算机相关专业的教材，也可作为对 uni-app 框架技术感兴趣人员的参考用书。

本书配有微课视频，读者扫描书中二维码即可观看。另外，本书配有丰富的数字化教学资源，需要的教师可登录机械工业出版社教育服务网（www.cmpedu.com）免费注册，审核通过后下载，或联系编辑索取（微信：13261377872，电话：010-88379739）。

图书在版编目（CIP）数据

Web 前端应用开发项目式教程：基于 uni-app 框架 / 高秀艳，陈辉，马翔主编. —北京：机械工业出版社，2024.2

高等职业教育系列教材

ISBN 978-7-111-75253-0

Ⅰ. ①W… Ⅱ. ①高… ②陈… ③马… Ⅲ. ①网页制作工具-程序设计-高等职业教育-教材 Ⅳ. ①TP392.092.2

中国国家版本馆 CIP 数据核字（2024）第 050438 号

机械工业出版社（北京市百万庄大街 22 号　邮政编码 100037）
策划编辑：李培培　　　　责任编辑：李培培　马　超
责任校对：韩佳欣　李小宝　　责任印制：李　昂
北京捷迅佳彩印刷有限公司印刷
2024 年 4 月第 1 版第 1 次印刷
184mm×260mm・15.25 印张・395 千字
标准书号：ISBN 978-7-111-75253-0
定价：69.00 元

Preface

前　言

uni-app 是 DCloud 团队推出的一款使用 Vue.js 开发前端应用的开源框架，该框架最为突出的特点是“开发一次，多端覆盖”，即开发者编写一套代码，可发布到 iOS、Android、Web（响应式），以及各种小程序（微信、支付宝、百度、头条、飞书、QQ、快手、钉钉、淘宝）、快应用等多种平台。使用 uni-app 框架可以很大程度地降低开发者跨平台开发的学习成本和开发成本。uni-app 官方文档中介绍到，“即使不跨端，uni-app 也是更好的小程序开发框架、更好的 App 跨平台框架、更方便的 H5 开发框架。”现在，uni-app 已经是业内风靡的应用框架，支撑着数以亿计的活跃手机用户的庞大生态。

“启嘉校园”是一款集校园社交和二手交易于一体的小程序项目，由河北软件职业技术学院软件工程系的师生共同研发，目前已在河北软件职业技术学院上线运行。“启嘉校园”项目的应用场景与学生的校园生活紧密贴合，作为贯穿全书的项目案例，可以帮助读者更好地理解学习内容。

本书是一本以项目为导向、任务为驱动的理实一体化教材，以实际工作中的项目开发流程（“项目开发准备”“项目实施”“项目测试”和“项目部署与发布”），将“启嘉校园”项目的功能模块拆分成 11 个任务，每个任务中通过“任务描述”和“学习目标”明确学习内容和重、难点，通过“知识储备”讲解任务所需的理论知识，通过“任务实施”面向实际开发过程，分多个子任务和步骤介绍任务的实施过程，通过“任务测试”和“学习自评”检验任务实施效果和学习成果，通过“课后练习”巩固所学知识和技能，通过“任务拓展”拓展知识、强化实操练习。此外，本书还穿插名师解惑、逻辑分析、设计图分析等环节，帮助读者深入理解学习内容。

本书特点

（1）教材融入思政，提升思想品德素养。

本书将“实施科教兴国战略，强化现代化建设人才支撑”作为指导思想，坚持科技是第一生产力、人才是第一资源、创新是第一动力。同时探索将党的二十大精神和教材中的项目、知识、技术等内容有机融合，比如在任务实施过程中强调技术创新、科技创新和加强安全意识等。

（2）面向初学者，还原真实项目开发流程。

真实项目的开发全流程贯穿全书，不仅为读者提供了完整的项目开发资源，包括需求文档、设计图、项目源代码、API 等，而且从需求分析到开发、测试，再到部署上线，覆盖了项目开发过程中的每一个环节。此外，本书还对开发规范和性能优化有详细的讲解，这对读者提升技术能力和开发经验有很大的帮助。

（3）名师解惑，优化重、难点知识讲解。

本书在代码讲解环节，针对重、难点知识和技术添加了工作经验丰富的高校教师与一线企业工程师的讲解，将晦涩难懂的知识通过通俗易懂的方式进行讲解，能够有效地帮助读者学习和理解所学内容。

（4）配套资源丰富，线上线下结合。

本书配套“启嘉书盘”（https://book.change.tm/）教材支撑平台，提供了丰富的数字化教材资源，如微课视频、教案、教学设计、作业、题库等，使读者可以更加立体、多样地阅读和学习，从而提高学习效果。

读本书之前需要掌握的知识

本书面向 uni-app 初学者，书中会尽量介绍那些必要的基础知识，但仍然希望读者在学习本书之前掌握如下知识。

- 掌握 HTML5（H5）、CSS3 和 JavaScript（ECMAScript 6），能够完成静态页面开发。
- 掌握 Vue.js 的基本用法，如语法、条件/列表渲染、事件处理、组件等。
- 了解微信小程序开发流程，能够通过查阅微信开放平台学习小程序开发技术。

读者反馈

尽管我们对本书内容进行了多次检查，但书中仍然难免会出现一些不足之处，欢迎各界专业人士和读者提出宝贵意见，我们将不胜感激。您在阅读本书时，如果发现任何问题或有不认同之处，可以通过电子邮件与我们取得联系。电子邮箱：fanyuekun@hbsi.edu.cn。

编　者

目 录 Contents

任务 1 项目开发准备

1.1 任务描述

本任务将完成“启嘉校园”项目开始前的开发准备工作，主要包括了解开发中使用的项目资源和项目资源使用方法，部署前、后端开发环境，以及创建项目开发目录。

了 解 uni-app 01 之简述跨端

本任务将尽可能详细地为读者讲解如何使用 HBuilderX 创建 uni-app 项目和项目文件，引导读者以全局视野了解 uni-app 项目，养成以系统思维方式解决问题的习惯。

1.2 任务效果

任务效果如图 1-1 所示。

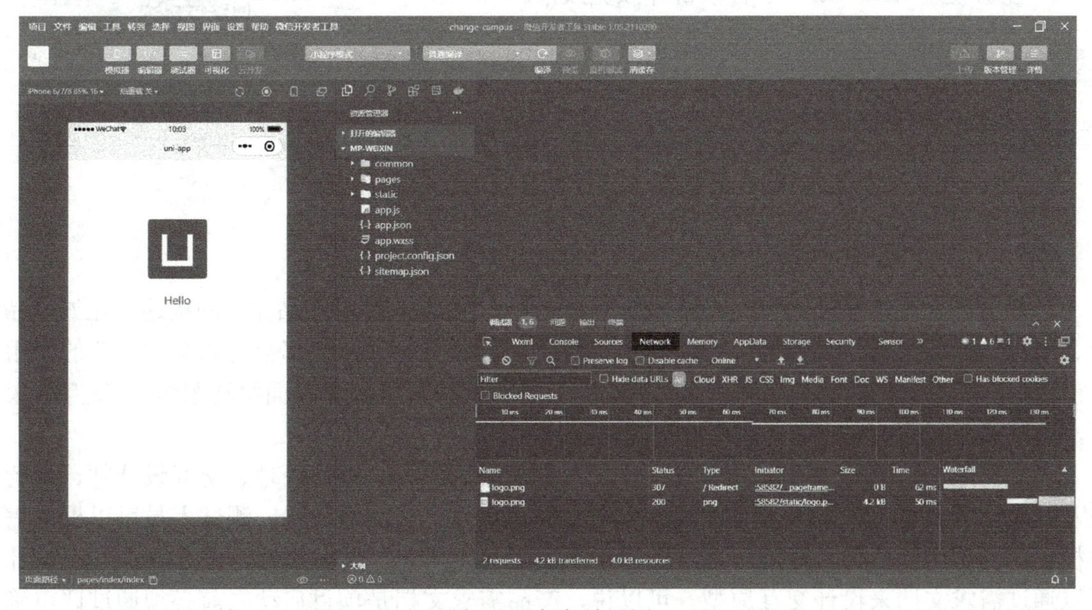

图 1-1　任务效果图

1.3 学习目标

素养目标

- 通过搭建项目开发环境，增强学习者的系统思维能力，促使学习者养成统筹全局的习惯。

- 通过学习 MasterGo 的使用，增强学习者合理使用工具和技术的能力，养成优化方法，提高工作效率的习惯。

知识目标

- 了解产品需求文档的作用。
- 了解页面设计图的作用。
- 了解字体图标的作用。
- 了解接口文档的作用。
- 掌握搭建前端开发环境的方法。
- 掌握搭建后端开发环境的方法。

能力目标

- 能够使用 MasterGo 查看项目设计图。
- 能够在 Windows 操作系统中安装 HBuilderX。
- 能够在 Windows 操作系统中安装微信开发者工具。
- 能够使用 HBuilderX 创建 uni-app 项目。
- 能够使用 HBuilderX 运行项目并预览效果。

了解 uni-app 02 之跨端开发框架

1.4 知识储备

1.4.1 产品需求文档

产品需求文档（Product Requirements Document，PRD）是对产品需求的描述，比如产品定位、结构、业务逻辑、功能等。产品需求文档在项目研发各个环节都会起到至关重要的作用，一份清晰的需求文档能够说明“项目是什么”“要实现哪些功能”“页面跳转逻辑”“交互效果”等，可以减少开发期间的沟通成本，提高开发效率。

产品需求文档的主要使用对象有：开发人员、测试人员、项目经理、交互设计师、运营人员及其他业务人员。开发人员可以根据需求文档获知整个产品的逻辑；测试人员可以根据需求文档创建测试用例；项目经理可以根据需求文档拆分工作包，并分配给开发人员；交互设计师可以通过需求文档来设计交互原型。可以说，产品需求文档是项目启动之前必须通过评审确定的重要文档。如果需求分析做得不好，就会严重影响后面的开发进度，严重时会拖垮整个开发团队。因此，团队中的每位参与者都要认真履行自己的职责，确保整个项目顺利进行。

“启嘉校园”产品需求文档（见图 1-2）为在线文档。在线文档地址为https://book.change.tm/u/a1。

页面设计图

1.4.2 页面设计图

顾名思义，页面设计图用来展示项目的页面效果，由 UI 设计师制作，前端开发者则需要通过设计图来制作静态页面。为方便开发人员使用，“启嘉校园”项目使用 MasterGo 设计软件制作，生成了能够查看设计标注、下载图片素材的在线设计图。读者在后面章节进行静态页面内容制作时，可参考设计图完成。

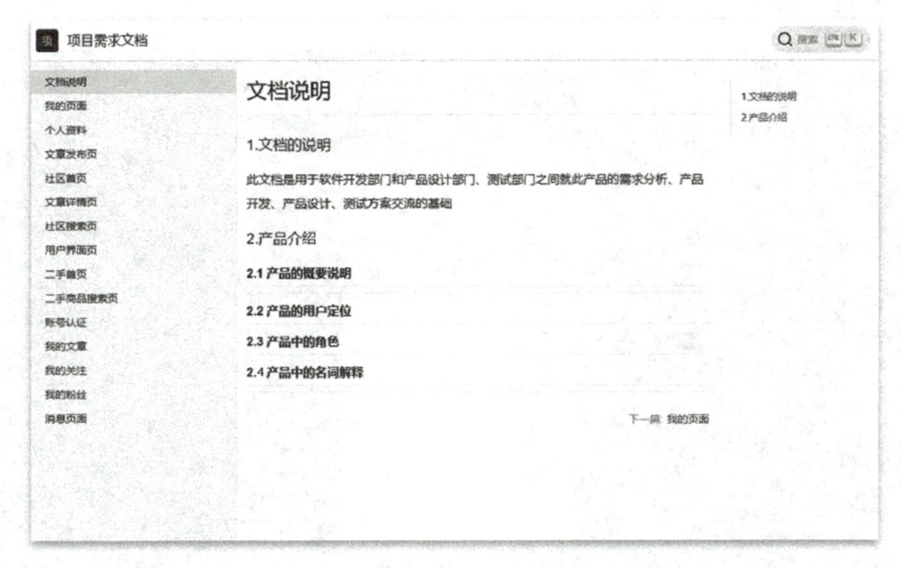

图 1-2 “启嘉校园”产品需求文档

“启嘉校园”设计图地址为 https://book.change.tm/u/a2。

1. 如何查看设计标注

打开在线设计图，单击设计图中的一个元素，页面右侧信息栏就会出现该元素的样式信息，比如宽、高、背景色、文字颜色、位置等，如图 1-3 所示。当选择一个元素后，若将鼠标移动到另一个元素上，则可以查看两个元素之间的间距，如图 1-4 所示。

图 1-3 样式标注

2. 如何下载图片素材

打开在线设计图，单击需要下载的图片，然后单击页面右侧信息栏下方“导出”按钮，即可下载图片素材，如图 1-5 所示。

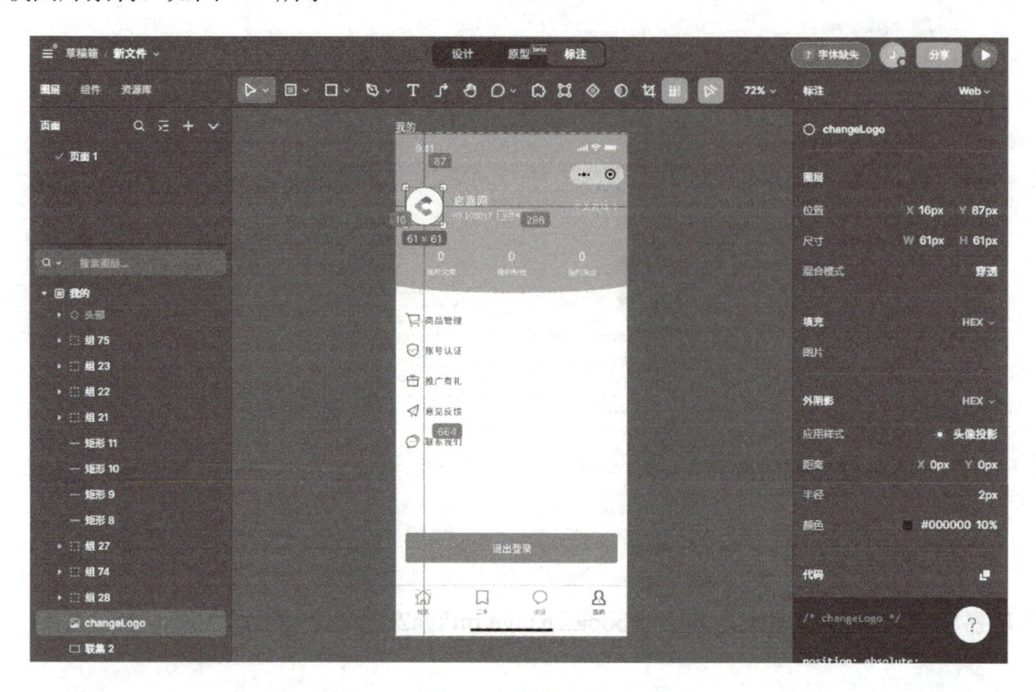

图 1-4 元素间距

图 1-5 导出设计图

1.4.3 字体图标

字体图标是在项目中通过字体形式使用的一种图标，在现在的软件开发中用来替代图片以展示页面中的图标，其原理是将图标制作成矢量字体文件，使用时如同在 CSS 中引入字体文件一样引入字体图标文件。字体图标已经成为现在的软件开发中解决小图片问题的常见手段，相比传统的图片资源，字体图标的使用更加简单、快捷，可减少网络通信量。因此，开发人员要紧跟技术发展步伐，与时俱进，这样才能设计最优的解决方案来完成开发任务。

了解 uni-app 03 之官方介绍上

目前国内项目常用的字体图标库之一为阿里巴巴矢量图标库（https://www.iconfont.cn/），使用方法主要有以下两种。

1. unicode 引用

unicode 是字体在网页端最原始的应用方式，使用步骤如下。

第一步：复制项目下面生成的 font-face。

```
01. @font-face {font-family: 'iconfont';
02.        src: url('iconfont.eot');
03.        src: url('iconfont.eot?#iefix') format('embedded-opentype'),
04.        url('iconfont.woff') format('woff'),
05.        url('iconfont.ttf') format('truetype'),
06.        url('iconfont.svg#iconfont') format('svg');
07. }
```

第二步：定义使用 iconfont 的样式。

```
01. .iconfont{
02.        font-family:"iconfont" !important;
03.        font-size:16px;font-style:normal;
04.        -webkit-font-smoothing: antialiased;
05.        -webkit-text-stroke-width: 0.2px;
06. -moz-osx-font-smoothing: grayscale;}
```

第三步：挑选相应图标并获取字体编码，应用于页面。

```
01. <i class="iconfont">&#x33;</i>
```

2. font-class 引用

font-class 是 unicode 使用方式的一种变种，主要解决 unicode 书写不直观、语意不明确的问题。使用步骤如下。

第一步：复制项目下面生成的 font-class 代码。

```
01. //at.alicdn.com/t/font_8d5l8fzk5b87iudi.css
```

第二步：挑选相应图标并获取类名，应用于页面。

```
01. <i class="iconfont icon-xxx"></i>
```

“启嘉校园”项目使用的是 font-class 引用方式，字体图标文件和 CSS 文件下载地址如下。

- 字体图标文件：https://book.change.tm/u/a3。
- CSS 文件：https://book.change.tm/u/a4。

下载后的文件存放目录和使用方法将在后续任务中讲解，此处可先将文件下载并保存到便于查找的本地磁盘中备用。

1.4.4 接口文档

接口主要用来向开发者服务器传递数据，接口文档即应用程序接口的说明文档，又称为 API 文档，用来描述系统所提供的接口信息。接口文档类似于机器的使用说明书，一般由开发人员编写，是前、后端开发人员协调工作的沟通“工具”。通俗地讲，接口文档能告诉开发者接口的使用方法、接受的参数、返回的数据等，开发人员据此请求应用程序接口并处理返回的数据。读者在后续任务实现功能时，可参考接口文档完成页面中数据的请求与展示。

“启嘉校园”接口文档地址为 https://book.change.tm/u/a5。

了解 uni-app 04 之官方介绍下

1.4.5 项目源码

因为“启嘉校园”项目的功能比较完整，代码量大，所以本书在讲解时省略了部分非核心代码，若读者需要完整代码，则可以从启嘉书盘中下载“启嘉校园”项目的源码，学习过程中遇到问题时可参考项目源码解决。

“启嘉校园”项目源码下载地址为 https://book.change.tm/u/a6。

1.5 任务实施

本任务将完成项目开发环境的搭建，分为前端开发环境和后端开发环境两部分，对于前端开发环境，主要进行开发工具的安装，对于后端开发环境，则进行接口和数据库的安装与部署。为了方便读者学习和实操，“启嘉校园”项目开发环境系统选择 Windows 操作系统。

了解 uni-app 05 之 uni-app 优势

1.5.1 搭建前端开发环境

1. 安装 HBuilderX

“工欲善其事，必先利其器”，选择一个合适的开发工具可以大幅提高开发效率和软件质量。“启嘉校园”项目使用 uni-app 官方推荐的 HBuilderX 作为开发工具。HBuilderX 是 uni-app 官方团队推荐使用的开发工具，内置相关环境，安装即可使用，无须配置 Node.js。

（1）下载安装包

使用浏览器打开官方下载地址 https://www.dcloud.io/hbuilderx.html，单击“Download for Windows”下载按钮，会默认下载适配当前系统的最新版本的 HBuilderX，如图 1-6 所示。

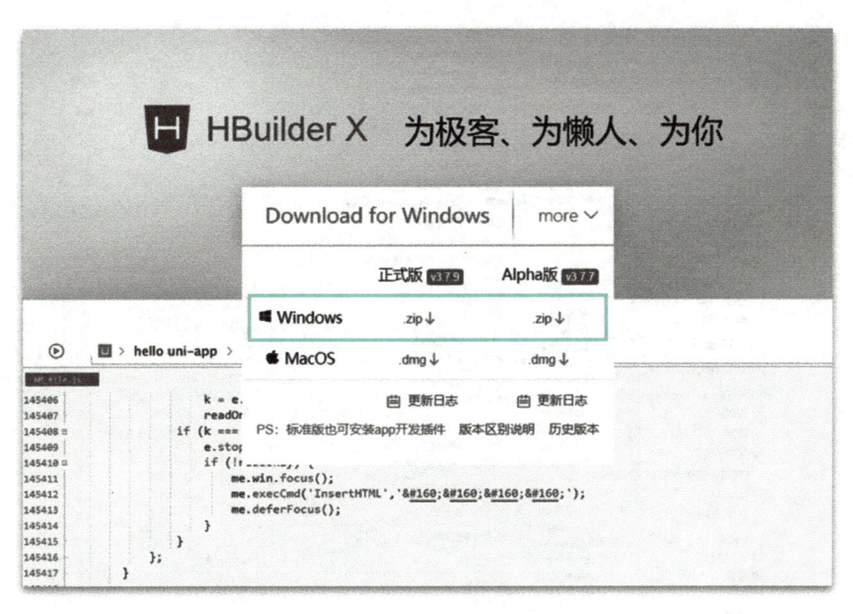

图 1-6　HBuilderX 下载页面

uni-app 基础知识 01 之基本规范

（2）解压缩安装包

将下载的 HBuilderX 压缩包解压缩到系统本地磁盘中，注意存放路径不能包含中文，如图 1-7 所示。

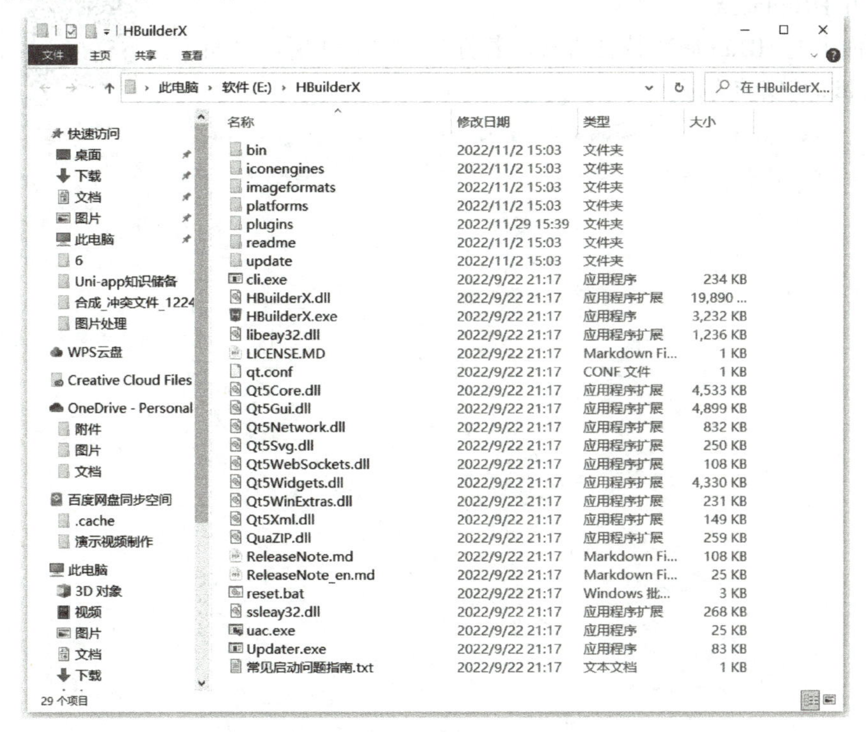

图 1-7　HBuilderX 安装目录

（3）创建快捷方式

在解压缩后的文件夹中找到 HBuilderX.exe，右键单击它，在弹出的快捷菜单中依次选择“发送到”→“桌面快捷方式”以创建桌面快捷方式，方便后期快速打开开发工具，如图 1-8 所示。

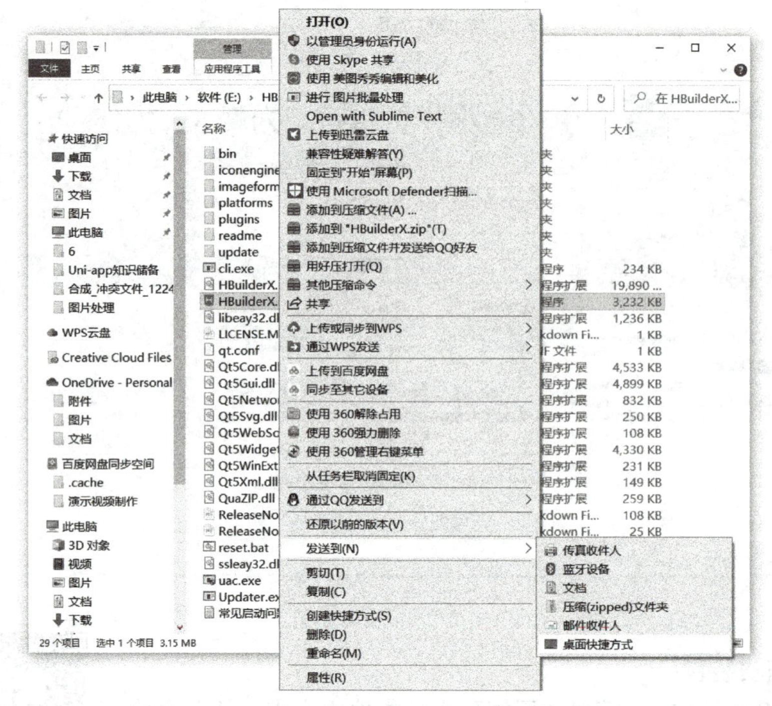

图 1-8　创建桌面快捷方式

（4）打开 HBuilderX

双击桌面上的 HBuilderX 快捷方式，若打开如图 1-9 所示页面，则说明 HBuilderX 安装完成。

uni-app 基础知识 02 之 HBuilder 介绍及安装

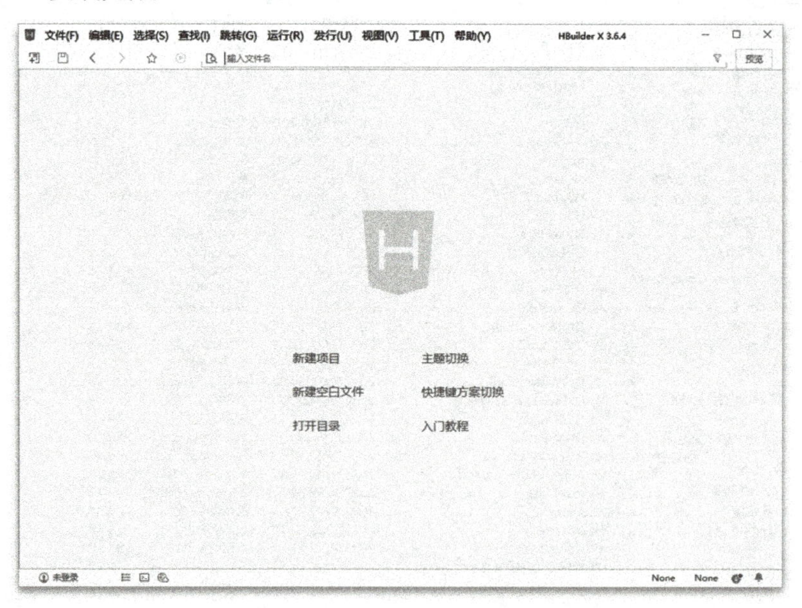

图 1-9　HBuilderX 启动界面

若解压缩完成后无法打开 HBuilderX，则可参考 HBuilderX Windows 启动问题排查指南 https://book.change.tm/u/a10。

2. 安装微信开发者工具

微信开发者工具是微信官方推出的一款开发工具，能够帮助开发者简单和高效地开发和调试微信小程序，集成了公众号网页调试和小程序调试两种开发模式。使用 HBuilderX 开发和调试微信小程序项目，需要依赖于微信开发者工具完成。

（1）下载安装包

使用浏览器打开官方下载地址 https://developers.weixin.qq.com/miniprogram/dev/devtools/stable.html，选择稳定版并根据系统配置下载相应安装包，如图 1-10 所示。

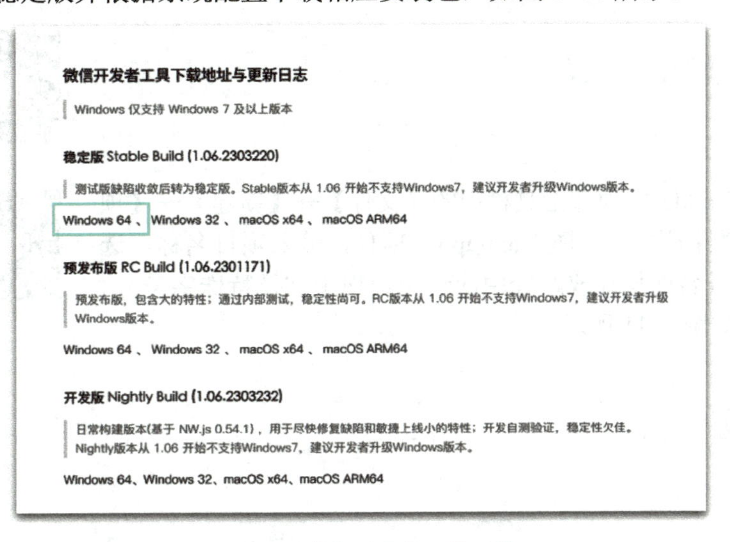

图 1-10　微信开发者工具下载

（2）安装微信开发者工具

双击下载的 EXE 安装包，根据提示进行安装即可。

至此，已经完成了 HBuilderX 和微信开发者工具的安装，在后面实施过程中将对这两个开发工具进行配置，使 HBuilderX 能够调用微信开发者工具进行项目调试。

1.5.2　搭建后端开发环境

为了实现前、后端数据交互，还需要在本地部署“启嘉校园”项目的后端程序，读者只需要成功完成部署并了解如何使用，无须关注其实现逻辑。后端开发环境包括 Java 程序和 MySQL 数据库，为方便读者部署，这里将其打包成 EXE 格式的安装包，安装步骤如下。

搭建后端开发环境

1. 下载安装包

使用浏览器打开下载页面并下载 EXE 安装包，下载地址为 https://book.change.tm/01/java.html。

2. 检查安装环境

安装前需要先检查本地系统安装环境是否符合以下几点要求。

- 检查系统 3306 端口是否被占用，如果被其他程序占用，则需要关闭占用程序或将其切换至其他端口。

- Java 程序和 MySQL 数据库安装路径分别为 C:\Program Files\java 与 D:\mysql，安装前请确保安装路径未创建，若已创建，则继续安装将覆盖原文件夹内容，注意做好转移和备份工作。
- 安装过程会自动修改系统环境变量，此过程可能会被部分杀毒软件识别成恶意程序篡改系统配置。如果被杀毒软件拦截，那么关闭杀毒软件或选择信任安装程序。

3. 安装后端开发环境

双击下载的 EXE 安装包，将自动进行安装，安装成功后会提示“安装成功”。

1.5.3 创建项目开发目录

创建 uni-app 项目

uni-app 基础知识 03 之初始化 uni-app 项目

1. 新建项目

依次单击 HBuilderX 顶部工具栏中的【文件】→【新建】→【项目】，打开新建项目界面，选择“uni-app”项目，输入项目名称，选择存放路径（项目名称与存放路径中应避免出现中文及特殊字符），然后进行创建，如图 1-11 所示。

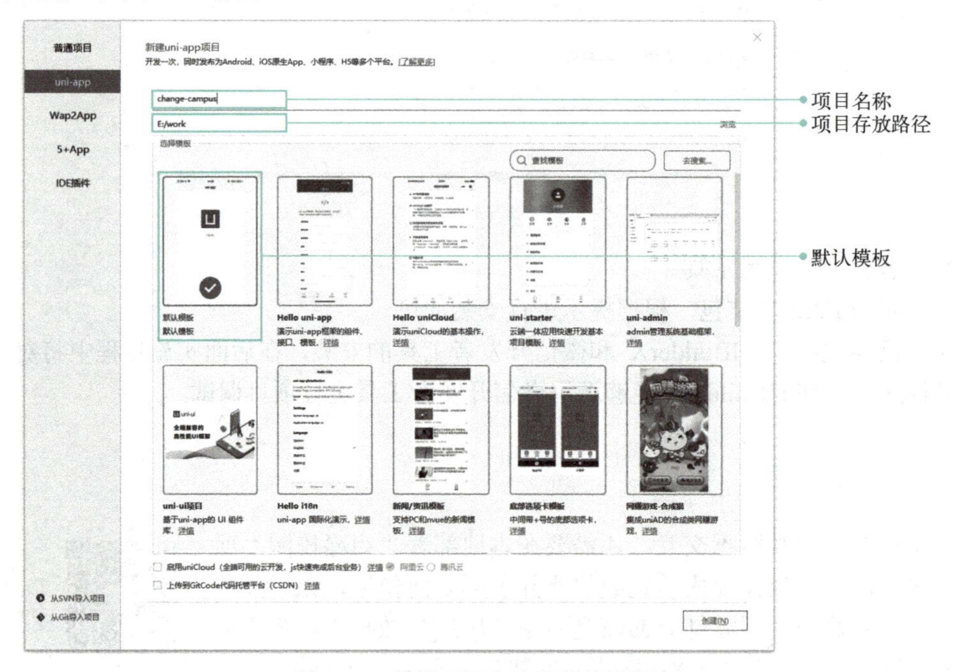

图 1-11 设置项目名称及存放路径

2. 认识项目目录

在项目创建完成后，系统会自动帮助用户生成一些目录和文件，即项目的初始目录和文件，比如静态资源目录、页面文件目录、入口页面文件、项目配置文件等，后面会在这些目录和文件的基础上完成“启嘉校园”项目的开发。

在创建项目时，选择不同的模板，生成的项目目录和文件是不同的，在本项目中，选择的是 uni-app 的默认模板。下面介绍一下使用默认模板创建的各个项目目录和文件的作用，如图 1-12 所示。

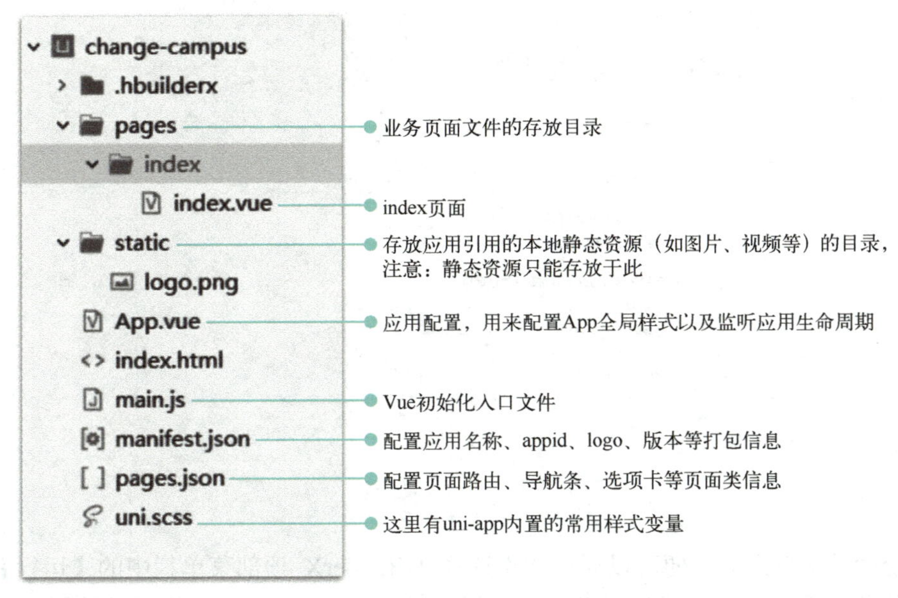

图 1-12　项目默认目录结构

各项目初始目录和文件在开发中都有明确的用途，在开发时务必注意以下几点。

- 在编译到任意平台时，static 目录下的文件均会被完整打包进去且不会编译，非 static 目录下的文件（Vue、JavaScript、CSS 等文件）只有被引用时才会被打包、编译进去。
- static 目录下的 JavaScript 文件不会被编译，如果里面有 ECMAScript 6（ES6）的代码，且不经过转换就直接运行，那么在手机设备上会报错。
- CSS、Less、Sass 等资源不要放在 static 目录下，建议将这些公用的资源放在自建的 common 目录下。
- HBuilderX 1.9.0+支持在根目录下创建 ext.json、sitemap.json 等小程序需要的文件。

3. 运行项目

uni-app 基础知识 04 之项目重点文件介绍

使用 HBuilderX 开发 uni-app 项目时可以实时运行项目并预览效果，如运行项目到微信小程序、百度小程序、App 和 H5 应用等。由于“启嘉校园”项目将发布到微信小程序，因此本书在讲解时将项目运行到微信小程序来查看任务实现效果（在实际开发中运行到最终预发布的平台即可）。

通过 HBuilderX 的“运行到小程序模拟器”功能可以运行项目并预览效果，但实际上 HBuilderX 本身并不能真正地运行小程序，而需要借助小程序运营商提供的开发者工具来实现。运行项目到微信小程序则需要借助微信开发者工具，请确保已安装微信开发者工具。

在完成微信开发者工具的安装后，需要在 HBuilderX 中配置开发者工具的安装路径，依次单击 HBuilderX 顶部菜单栏中的【运行】→【运行到小程序模拟器】→【运行设置】，打开配置界面，然后单击“浏览”按钮，选择微信开发者工具安装路径。

想要使用 HBuilderX 的“运行到小程序模拟器”功能，还需要开启微信开发者工具的服务端口选项，否则 HBuilderX 会因无法获取微信开发者工具的服务权限而提示“工具的服务端口已关闭”。依次单击微信开发者工具顶部菜单栏中的【设置】→【安全设置】，开启“服务端口”，如图 1-13 所示。

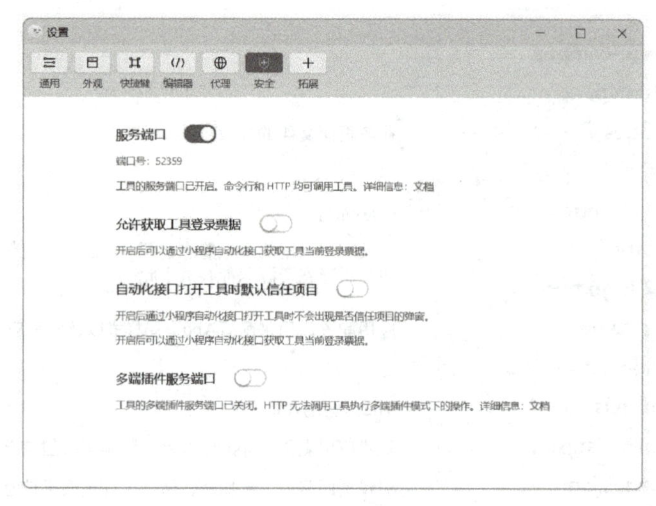

图 1-13　开启“服务端口”

完成上面的配置之后，便可以通过依次选择 HBuilderX 顶部菜单栏中的【运行】→【运行到小程序模拟器】→【微信开发者工具】调用微信开发者工具来预览项目效果。需要注意的是，当在项目中创建了新的目录或文件后，需要重新运行项目才能使这些新建的目录或文件生效。项目预览效果如图 1-14 所示。

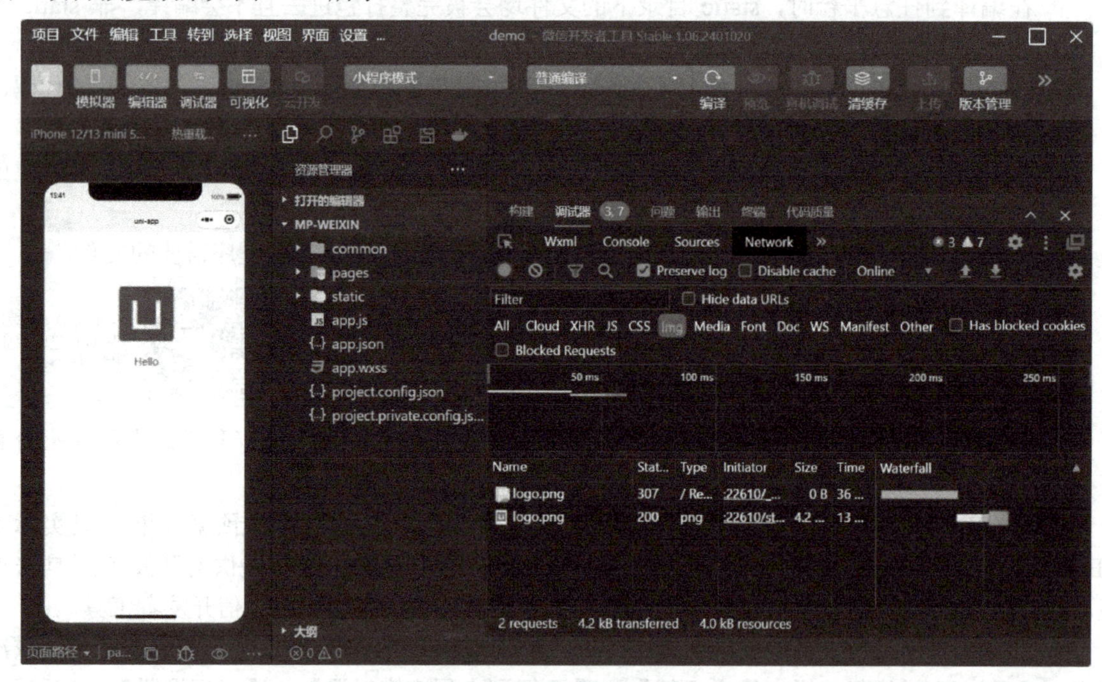

图 1-14　项目预览效果

1.6 任务测试

任务测试见表 1-1。

表 1-1　任务测试

测试条目	是否通过
在计算机中成功运行 HBuilderX 开发工具	
在计算机中成功运行微信开发者工具	
在计算机中部署后端开发环境，启动 Java、MySQL 相关服务	
使用 HBuilderX 成功创建“启嘉校园”项目开发目录	

1.7 学习自评

学习自评见表 1-2。

表 1-2　学习自评

评价内容	了解/掌握
是否了解产品需求文档的作用	
是否了解页面设计图的作用	
是否了解字体图标的作用	
是否了解接口文档的作用	
是否掌握搭建前端开发环境的方法	
是否掌握搭建后端开发环境的方法	
是否了解创建项目流程	
是否了解项目目录结构	

1.8 课后练习

1. 选择题

（1）下列哪个选项不是 uni-app 的特点？（　　）

A．使用 Vue.js 开发，一次开发，多端发布

B．丰富的 API，可实现复杂功能

C．只能发布到微信小程序、支付宝小程序等小程序平台

D．支持在 HBuilderX 中直接创建 uni-app 项目

（2）下列哪个文件是 uni-app 默认项目目录中不存在的？（　　）

A．app.vue

B．main.js

C．pages.json

D．uni.js

（3）下列哪个选项不是 HBuilderX 的特点？（　　）

A．支持微信小程序开发

B．具备代码提示和自动补全功能

C．可以直接在编辑器中预览代码效果

D．只能用于开发移动端应用

2．填空题

（1）uni-app 项目中的页面文件通常存放在________文件夹中。

（2）uni-app 项目中的静态资源文件通常存放在________文件夹中。

3．简答题

简述 uni-app 项目的主要目录结构及其作用。

1.9 任务拓展

除本任务讲解的项目开发准备内容以外，在实际工作中，为了确保项目顺利进行，一般还需要进行下列准备工作。

- 制定项目计划：制定详细的项目计划，包括任务分解、时间安排、资源分配等，确保项目按计划进行。
- 风险管理：识别项目中的潜在风险，制定相应的应对措施，避免风险对项目造成影响。
- 质量管理：制定项目的质量标准和验收流程，确保项目成果达到预期的质量要求。
- 沟通协调：建立有效的沟通机制，确保团队成员之间的信息交流畅通，及时解决问题和协调资源。
- 培训和技术支持：针对项目所需的技术和工具，组织与提供必要的培训和技术支持，提高团队成员的技术水平和能力。
- 文档管理：建立项目的文档管理体系，确保项目过程中的文档及时整理和更新，方便团队成员和用户查阅与使用。
- 环境安全：确保项目开发环境的安全性和稳定性，如网络安全、数据安全、物理安全等，避免安全问题对项目造成影响。
- 反馈和持续改进：项目完成后，要及时进行反馈和总结，针对问题和不足进行改进与优化，提高项目的质量和开发效率。

这些准备工作对项目的成功至关重要，需要认真对待每一个环节，确保项目能够按时、按要求完成。

任务 2 制作个人中心页

2.1 任务描述

在包含用户体系的移动应用中，一般都会制作个人中心（“我的”）页面，用来展示用户的个人资料、数据信息和其他相关功能等。本任务将制作“启嘉校园”项目的个人中心页，主要内容包括用户头像、昵称、ID、商品管理和账号认证等。本任务将详细讲解如何通过分析设计图制作静态页面。

2.2 任务效果

任务效果如图 2-1 所示。

a) 未登录状态

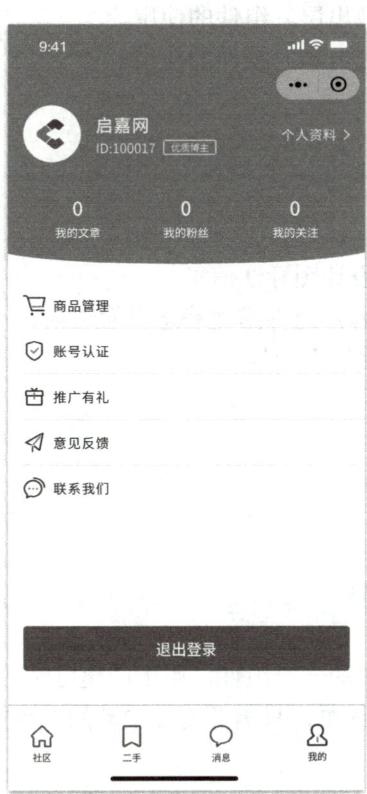

b) 已登录状态

c) “联系我们”模态框

图 2-1 任务效果图

2.3 学习目标

素养目标

- 通过给新建变量、类选择器等命名，树立编程中规范命名的意识。
- 通过项目使用的国产跨平台移动应用开发框架 uni-app，培养学习者的爱国情怀，增强科技创新的自信心。
- 通过以学生社交生态为主题的项目开发，提高学习者科技赋能数字生活的意识。
- 通过任务拓展“二手”功能的实现，帮助学习者树立节约优先、持续发展的理念。

知识目标

- 了解移动端尺寸单位。
- 掌握页面路由和自定义导航栏的配置。
- 掌握 uni-app 的 view（视图容器）组件的使用。
- 掌握 uni-app 的 popup（弹出层）组件的使用。
- 掌握 uni-app 的 text（基础内容）组件的使用。
- 掌握 uni-app 扩展组件的使用。
- 掌握 Sass 基础语法。

能力目标

- 能够使用 MasterGo 查看设计图标注信息。
- 能够使用 uni-app 的视图容器组件搭建静态页面结构。
- 能够使用 Sass 预处理器修饰页面样式。

2.4 知识储备

2.4.1 可滚动视图容器组件 scroll-view

scroll-view 是 uni-app 框架中的一个组件，用于创建可滚动的视图区域，常用于长列表、滚动图像等场景。该组件用法比较简单，只需要将要滚动的内容放在 scroll-view 内，参见下面的示例代码。

```
01. <template>
02.     <scroll-view style="height: 300rpx;">
03.         <view v-for="item in items" :key="item.id">{{ item.name }}</view>
04.     </scroll-view>
```

```
05. </template>
06. <script>
07. export default {
08.     data() {
09.         return {
10.             items: [
11.                 { id: 1, name: 'Item 1' },
12.                 { id: 2, name: 'Item 2' },
13.                 { id: 3, name: 'Item 3' },
14.                 { id: 4, name: 'Item 4' },
15.                 { id: 5, name: 'Item 5' },
16.                 { id: 6, name: 'Item 6' },
17.                 { id: 7, name: 'Item 7' },
18.                 { id: 8, name: 'Item 8' },
19.                 { id: 9, name: 'Item 9' },
20.                 { id: 10, name: 'Item 10' }
21.             ]
22.         };
23.     }
24. };
25. </script>
```

在上面的示例中，使用 scroll-view 组件创建了一个可滚动的区域，内部包含了一个 view 列表，该列表会根据 items 数组中的数据进行渲染。

scroll-view 组件支持很多配置选项，下面列举一些常用的选项。

- scroll-x：是否开启横向滚动，默认为 false。
- scroll-y：是否开启纵向滚动，默认为 true。
- scroll-top：设置滚动条与顶部的距离，单位为 px。
- scroll-left：设置滚动条与左侧的距离，单位为 px。
- scroll-into-view：设置滚动到目标元素的 id 值。
- scroll-with-animation：是否使用动画滚动，默认为 false。
- lower-threshold：距离底部/右边多少像素时触发 scrolltolower 事件，单位为 px。
- upper-threshold：距离顶部/左边多少像素时触发 scrolltoupper 事件，单位为 px。

2.4.2 触摸事件 touch

在 uni-app 中，可以使用 touch 事件来监听触摸屏幕的交互操作，如滑动、按下、松开等，以便针对这些事件进行相应的响应操作。touch 事件由组件上的@touchstart、@touchmove、@touchend、@touchcancel 四个事件组成，分别在如下时刻触发。

- @touchstart：当手指触摸屏幕时触发。
- @touchmove：当手指在屏幕上滑动时，连续触发。
- @touchend：当手指离开屏幕时触发。
- @touchcancel：当系统停止跟踪触摸时触发，如在触摸过程中突然弹出系统提示框等情况。

这些事件的触发顺序为：touchstart→touchmove→touchend 或 touchcancel。在事件对象中，

可以获取触摸点的坐标等信息，通过计算可以实现拖拽、滑动等交互效果，参见下面的示例代码。

```
01. <template>
02.     <view>
03.         <view class="drag-wrapper" @touchstart="touchstart" @touchmove="touchmove" @touchend="touchend">
04.             <view class="drag-box" :style="dragBoxStyle">
05.                 Drag me!
06.             </view>
07.         </view>
08.     </view>
09. </template>
10. <script>
11.     export default {
12.         data() {
13.             return {
14.                 startX: 0, // 起始横坐标
15.                 startY: 0, // 起始纵坐标
16.                 left: 0,     // 与左侧的距离
17.                 top: 0,      // 与顶部的距离
18.             }
19.         },
20.         computed: {
21.             dragBoxStyle() {
22.                 return {
23.                     left: this.left + 'px',
24.                     top: this.top + 'px',
25.                 }
26.             },
27.         },
28.         methods: {
29.             touchstart(e) {
30.                 this.startX = e.changedTouches[0].pageX
31.                 this.startY = e.changedTouches[0].pageY
32.             },
33.             touchmove(e) {
34.                 const moveX = e.changedTouches[0].pageX - this.startX
35.                 const moveY = e.changedTouches[0].pageY - this.startY
36.                 this.left += moveX
37.                 this.top += moveY
38.                 this.startX = e.changedTouches[0].pageX
39.                 this.startY = e.changedTouches[0].pageY
40.             },
41.             touchend(e) {
42.                 console.log('touch end')
43.             },
44.         },
45.     }
46. </script>
47.
```

```
48. <style>
49.     .drag-wrapper {
50.         width: 100vw;
51.         height: 100vh;
52.         background-color: #eee;
53.         display: flex;
54.         justify-content: center;
55.         align-items: center;
56.     }
57.     .drag-box {
58.         width: 100px;
59.         height: 100px;
60.         background-color: #409EFF;
61.         color: #fff;
62.         text-align: center;
63.         line-height: 100px;
64.     }
```

2.4.3　页面生命周期

在 uni-app 中，页面生命周期指的是页面从创建到销毁的整个过程所经历的一系列事件。以下是对 uni-app 中页面生命周期的详细介绍。

- onLoad：监听页面加载，这个生命周期函数会在页面被加载时触发。在这个函数中可以获取一个 options 参数对象，该对象包含了页面跳转时传递过来的参数。在这个函数中可以进行一些初始化操作。
- onShow：监听页面显示，这个生命周期函数会在页面显示后触发。在这个函数中可以进行一些刷新操作，如刷新页面数据。
- onReady：监听页面初次渲染完成，这个生命周期函数会在页面初次渲染完成时触发。在这个函数中可以进行一些操作，如隐藏 loading 提示框。
- onHide：监听页面隐藏，这个生命周期函数会在页面被隐藏时触发。在这个函数中可以进行一些操作，如停止动画、清除缓存等。
- onUnload：监听页面卸载，这个生命周期函数会在页面被卸载时触发。在这个函数中可以进行一些清理操作，如数据保存、清理资源等。
- onPullDownRefresh：监听页面下拉刷新，这个生命周期函数会在用户下拉页面时触发。在这个函数中可以进行一些刷新操作，如获取最新数据等。
- onReachBottom：监听页面上拉触底，这个生命周期函数会在用户上拉页面触底时触发。在这个函数中可以进行一些分页加载数据等操作。
- onPageScroll：监听页面滚动，这个生命周期函数会在页面滚动时触发。在这个函数中可以获取页面滚动的距离等信息。
- onResize：监听页面尺寸变化，这个生命周期函数会在页面尺寸变化时触发。在这个函数中可以获取新的页面尺寸信息。

以上就是 uni-app 中页面生命周期的详细介绍。在实际开发中，开发者可以根据自己的需求合理利用这些生命周期函数，从而提高页面的交互性和用户体验，参见下面的示例代码。

```
01. <template>
02.   <view class="container">
03.     <view class="content">
04.       <text>{{ message }}</text>
05.       <button @click="changeMessage">Change Message</button>
06.     </view>
07.   </view>
08. </template>
09. <script>
10. export default {
11.   data() {
12.     return {
13.       message: 'Hello, uni-app!'
14.     }
15.   },
16.   onLoad(options) {
17.     console.log('页面加载完成')
18.     console.log('参数：', options)
19.   },
20.   onShow() {
21.     console.log('页面显示')
22.   },
23.   onReady() {
24.     console.log('页面初次渲染完成')
25.   },
26.   onHide() {
27.     console.log('页面隐藏')
28.   },
29.   onUnload() {
30.     console.log('页面卸载')
31.   },
32.   onPullDownRefresh() {
33.     console.log('下拉刷新')
34.     setTimeout(() => {
35.       uni.stopPullDownRefresh()
36.     }, 2000)
37.   },
38.   onReachBottom() {
39.     console.log('上拉触底')
40.   },
41.   onPageScroll(e) {
42.     console.log('页面滚动', e.scrollTop)
43.   },
44.   onResize(e) {
45.     console.log('页面尺寸变化', e.size)
46.   },
47.   methods: {
48.     changeMessage() {
49.       this.message = 'Hello, uni-app World!'
50.     }
```

```
51.     }
52. }
53. </script>
54. <style>
55. .container {
56.     height: 100%;
57. }
58. .content {
59.     display: flex;
60.     justify-content: center;
61.     align-items: center;
62.     height: 100%;
63. }
64. </style>
```

在这段示例代码中，定义了一个页面，其中包含一个 text 组件和一个 button 组件。在页面加载完成时会打印一条信息，并输出页面传递过来的参数。当页面显示、初次渲染完成、隐藏或卸载时，也会打印相应的信息。当用户下拉页面时，会触发下拉刷新操作，并在下拉刷新完成后停止下拉刷新。当用户上拉页面触底时，会触发上拉触底操作。当页面滚动时，会打印页面滚动的距离信息。当页面尺寸变化时，会打印新的页面尺寸信息。当用户单击按钮时，会改变页面中的 text 组件显示的文字。

2.4.4 导航栏

uni-app 支持使用原生导航栏和自定义导航栏两种方式来展示页面导航信息，下面分别介绍这两种方式。

1. 原生导航栏

在 uni-app 中，原生导航栏是指操作系统提供的默认导航栏，它具有设备操作系统的特点和风格，通常包括标题、返回按钮、右侧按钮等元素。开发者可以通过 uni-app 提供的 API 来实现原生导航栏的设置和控制。

pages.json 文件是 uni-app 中的配置文件，用于设置应用的全局属性和样式。可以在该文件中设置导航栏的样式、背景色、标题、左按钮、右按钮等属性，参见下面的示例代码。

```
01. {
02.     "globalStyle": {
03.         "backgroundTextStyle": "light",
04.         "navigationBarBackgroundColor": "#fff",
05.         "navigationBarTitleText": "uni-app 原生导航栏",
06.         "navigationBarTextStyle": "black"
07.     }
08. }
```

以上代码展示了全局定义的配置，如果需要在 App 平台定义特有的样式，则可以通过如下代码实现。

```
01. {
02.     "globalStyle": {
03.       "app-plus": {
04.             "backgroundTextStyle": "light",
05.             "navigationBarBackgroundColor": "#fff",
06.             "navigationBarTitleText": "uni-app 原生导航栏",
07.             "navigationBarTextStyle": "black"
08.       }
09.     }
10. }
```

当原生导航栏相关参数配置完成后，即可在需要使用原生导航栏的页面中展示导航栏，同时也可以使用 uni-app 提供的 API 来控制导航栏的样式和行为，参见下面的示例代码。

```
01. <template>
02.     <view>
03.       <text>这是一个使用原生导航栏的页面</text>
04.     </view>
05. </template>
06.
07. <script>
08. export default {
09.     onNavigationBarButtonTap() {
10.       uni.showToast({
11.         title: '单击了导航栏按钮',
12.         icon: 'none'
13.       })
14.     }
15. }
16. </script>
```

在该示例中，onNavigationBarButtonTap 是一个页面级别的事件处理函数，当用户单击导航栏按钮时被调用。在该函数中，可以调用 uni-app 提供的 API 来实现页面跳转、显示提示等操作。

总之，原生导航栏可以使应用界面更加美观和统一，但它的功能相对简单，如果需要实现更多的自定义功能和样式，则建议使用下面的自定义导航栏。

uni-app 导航栏

2. 自定义导航栏

在大部分情况下，使用微信官方自带的 navigationBar 配置导航栏的显示内容和样式，但有时需要在导航栏中集成搜索框、自定义背景图、返回首页按钮等，这就需要使用自定义导航栏来实现。

导航栏可以全局配置，也可以单独页面配置，具体根据业务需求决定。navigationStyle 属性可以控制导航栏样式，包括 default 和 custom 两种取值。custom 表示取消默认的原生导航栏，使用自定义导航栏，参见下面的示例代码。

```
01. {
02.         "path" : "pages/public/login",
```

```
03.        "style": {
04.            "navigationBarTitleText": "",
05.            "navigationStyle": "custom",
06.            "app-plus": {
07.                "titleNView": false
08.            }
09.        }
10. }
```

在不同型号手机的头部，导航栏高度可能不一致，所以为了适配更多型号，需要计算整个导航栏的高度、胶囊按钮与顶部的距离、胶囊按钮与右侧的距离，如图 2-2 所示。

图 2-2　导航栏高度示意图

在 uni-app 中可以使用 uni.getSystemInfo 方法获取设备信息，使用 uni.getMenuButtonBoundingClientRect 方法获取胶囊按钮信息，参见下面的示例代码：

```
01. <template>
02. <view>
03.   <button @click="getMenuButtonBoundingClientRect">获取胶囊体信息</button>
04.     <button @click="getSystemInfo">获取设备信息</button>
05.   </view>
06.   </template>
07.   <script>
08.   export default {
09.       methods:{
10.           getMenuButtonBoundingClientRect(){
11.               console.log('胶囊体信息',uni.getMenuButtonBoundingClientRect())
12.           },
13.           getSystemInfo(){
14.               console.log('设备信息',uni.getSystemInfo())
15.           }
16.       }
17. }
18. </script>
```

注意：胶囊按钮只在小程序平台存在。

2.4.5　底部 tabBar

tabBar 是移动端应用常见的底部标签栏，用于实现页面之间的快速切换，小程序中通常将其分为底部 tabBar 和顶部 tabBar。uni-app 中的 tabBar 可以配置的标签数量最少为两个，最多为 5 个，其配置项见表 2-1。

表 2-1　tabBar 配置项

属性	类型	是否必填	默认值	描述
position	String	否	bottom	tabBar 的位置，仅支持 bottom 或 top
borderStyle	String	否	black	tabBar 上边框的颜色，仅支持 black 或 white
color	HexColor	否		tab 上文字默认（未选中）颜色
selectedColor	HexColor	否		tab 上的文字选中时的颜色
backgroundColor	HexColor	否		tabBar 的背景色
list	Array	是		tab 的列表，最少两个、最多 5 个 tab

每个 tab 的配置选项见表 2-2。

表 2-2　tab 配置选项

属性	类型	是否必填	描述
pagePath	String	是	页面路径，页面必须在 pages 中预先定义
text	String	是	tab 上显示的文字
iconPath	String	否	未选中时的图标路径；当 postion 为 top 时，不显示 icon
selectedIconPath	String	否	选中时的图标路径；当 postion 为 top 时，不显示 icon

参见下面的示例代码。

```
01. "pages": [
02.     {
03.             "path": "pages/index/index",
04.             "style": {
05.                     "navigationBarTitleText": "首页"
06.             }
07.     }, {
08.             "path": "pages/my/my",
09.             "style": {
10.                     "navigationBarTitleText": "我的"
11.             }
12.     }
13. ],
14. "tabBar": {
15.     "color": "#7A7E83",
16.     "selectedColor": "#3cc51f",
17.     "borderStyle": "black",
18.     "backgroundColor": "#ffffff",
19.     "list": [
20.             {
21.                     "pagePath": "pages/index/index",
22.                     "text": "主页",
23.                     "iconPath": "static/community.png",
24.                     "selectedIconPath": "static/community-active.png"
25.             }, {
26.                     "pagePath": "pages/my/my",
```

```
27.                "text": "我的",
28.                "iconPath": "static/my.png",
29.                "selectedIconPath": "static/my-active.png"
30.            }
31.        ]
32. }
```

任务 2 对应的完整知识储备见 https://book.change.tm/01/task2.html。

2.5 任务实施

2.5.1 页面结构分析与搭建

1. 新建页面文件

在 pages 目录下新建 Vue 文件，文件命名为“my”，在新建文件时勾选“创建同名目录”和“在 pages.json 中注册”两个复选框，如图 2-3 所示。

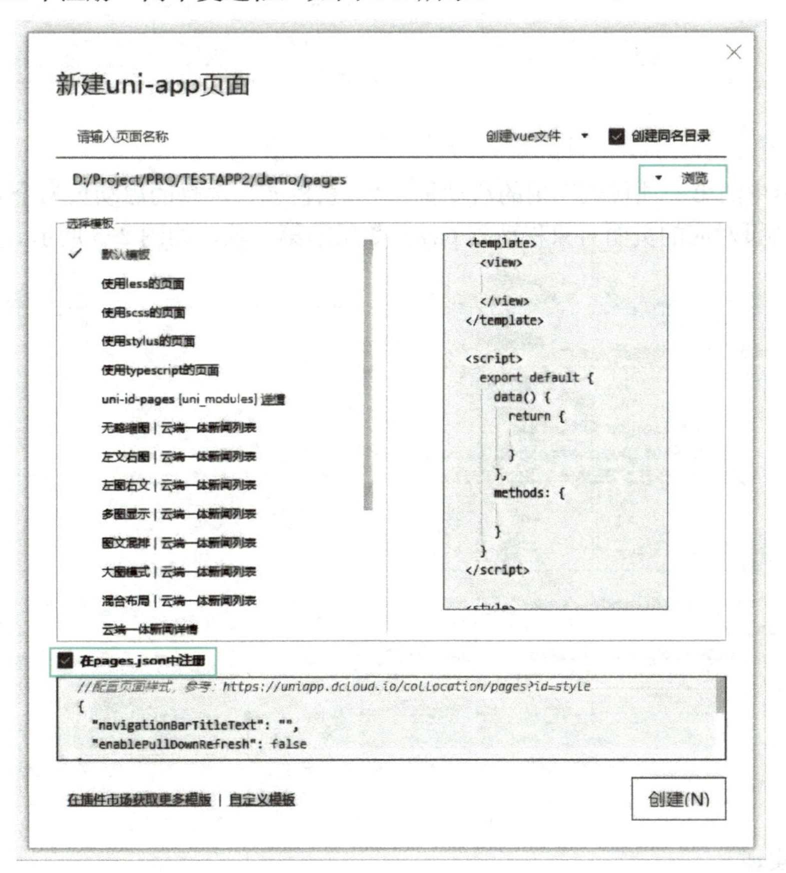

图 2-3　新建“my”页面

在勾选“创建同名目录”复选框后，会在创建文件的同时自动创建一个与文件同名的目录，这样做的原因是该目录中可能还会存放其他相关联的目录或代码文件（如子级页面目录，以及 JavaScript、JSON 和 CSS 等文件），将这些相关联的目录或文件放到同一个目录中会使项目目录结构更加清晰，方便开发者管理维护。

在勾选“在 pages.json 中注册”复选框后，会在 pages.json 配置文件的 pages 数组（页面配置数组，用于配置每个页面的路由、样式等内容）下新增一个页面对象，其中 path 用于配置页面路径，style 用于配置页面的样式，如状态栏、导航栏、标题、窗口背景色等，如图 2-4 所示。

```
"pages": [ //pages数组中第一项表示应用启动页，参考 https://uniapp.dcloud.io/collocation/pages
    {
        "path": "pages/index/index",
        "style": {
            "navigationBarTitleText": "uni-app"
        }
    }
    {
        "path" : "pages/my/my",
        "style" :
        {
            "navigationBarTitleText": "", // 默认顶部导航栏标题
            "enablePullDownRefresh": false // 是否开启页面下拉
            // 更多参数配置请参考 https://uniapp.dcloud.net.cn/collocation/pages.html
        }
    }
],
```

图 2-4　pages.json 默认配置项

pages 数组中的第一项代表应用的启动页，“启嘉校园”项目的启动页为个人中心页，因此需要将个人中心页对应的页面对象移动到 pages 数组的第一项，如图 2-5 所示。

```
"pages": [ //pages数组中第一项表示应用启动页，参考 https://uniapp.dcloud.io/collocation/pages
    {
        "path" : "pages/my/my",
        "style" :
        {
            "navigationBarTitleText": "", // 默认顶部导航栏标题
            "enablePullDownRefresh": false, // 是否开启页面下拉
            // 更多参数配置请参考 https//uniapp.dcloud.net.cn/collocation/pages.html
        }
    },
    {
        "path": "pages/index/index",
        "style": {
            "navigationBarTitleText": "uni-app"
        }
    }
],
```

图 2-5　pages.json 配置项位置调整后

（1）代码实现

为了更加直观地预览启动页效果，在 my.vue 文件中写入如下代码。

文件路径：/pages/my/my.vue

```
01. <template>
02. <view>配置个人中心页为应用启动页</view>
03. </template>
```

运行项目，即可在微信开发工具中看到，应用启动页变成了个人中心页。

（2）运行效果

运行效果如图 2-6 所示。

图 2-6　启动页运行效果

2. 搭建页面结构

前端工程师的一项重要工作是将项目的设计图按 1:1 比例转换成网页，此过程在开发中俗称为“切图”。前端工程师在切图前首先要明确项目的设计规范（如主题颜色、尺寸单位、基础间距等），从而做好切图前的准备工作（如抽离公共样式变量、方法等），然后分析设计图中页面结构和动态交互效果，通过代码将设计图制作成网页。

“启嘉校园”设计图使用 MasterGo 软件制作，生成了可导出图片，可查看页面元素样式标注的在线设计图地址，为开发者制作静态页面提供了极大便利。在线设计图可通过本书配套资源网站“启嘉书盘”（http://book.change.tm）上对应课程资源列表中的“设计图”进行查看。

在分析设计图时，可以按照页面内容和交互效果的关联度将页面划分为整体和局部区域，关联程度大的局部区域共同组成一个整体区域，这样划分页面不仅方便布局，还能够精简代码，使代码结构更加清晰。由于设计图中无法展示动态的交互效果，“启嘉校园”项目中涉及的动态交互效果会在分析设计图时通过文字进行描述。

（1）设计图分析

设计图分析可以帮助开发人员在开发早期理解和预测可能出现的问题，从而优化设计，减少后期的修改和调试工作，提高软件开发的效率。

“启嘉校园”属于移动端应用，页面整体以纵向布局为主。通过个人中心页设计图可知个人中心页由用户个人信息、个人数据、功能列表和底部标签栏等内容组成，其中个人信息和个人数据位置较近且有相同的背景色，可作为头部区域；个人数据下方圆弧与功能列表存在一个联动的拖动下拉动态效果，可作为圆弧及功能列表区域；底部标签栏位于页面底部，悬浮置顶（z-index 顶层）显示，可作为底部标签栏区域，如图 2-7 所示。

除此之外，设计图中还存在设备状态栏、Home Indicator（底部黑色横条），以及小程序胶囊按钮三个未划分的区域，它们分别是手机设备和小程序自带的功能，不需要通过代码实现，在不同设备和不同小程序平台中的样式也不尽相同，这里在设计图中展示是为了方便开发时能够将设计图与实际运行效果做对比。

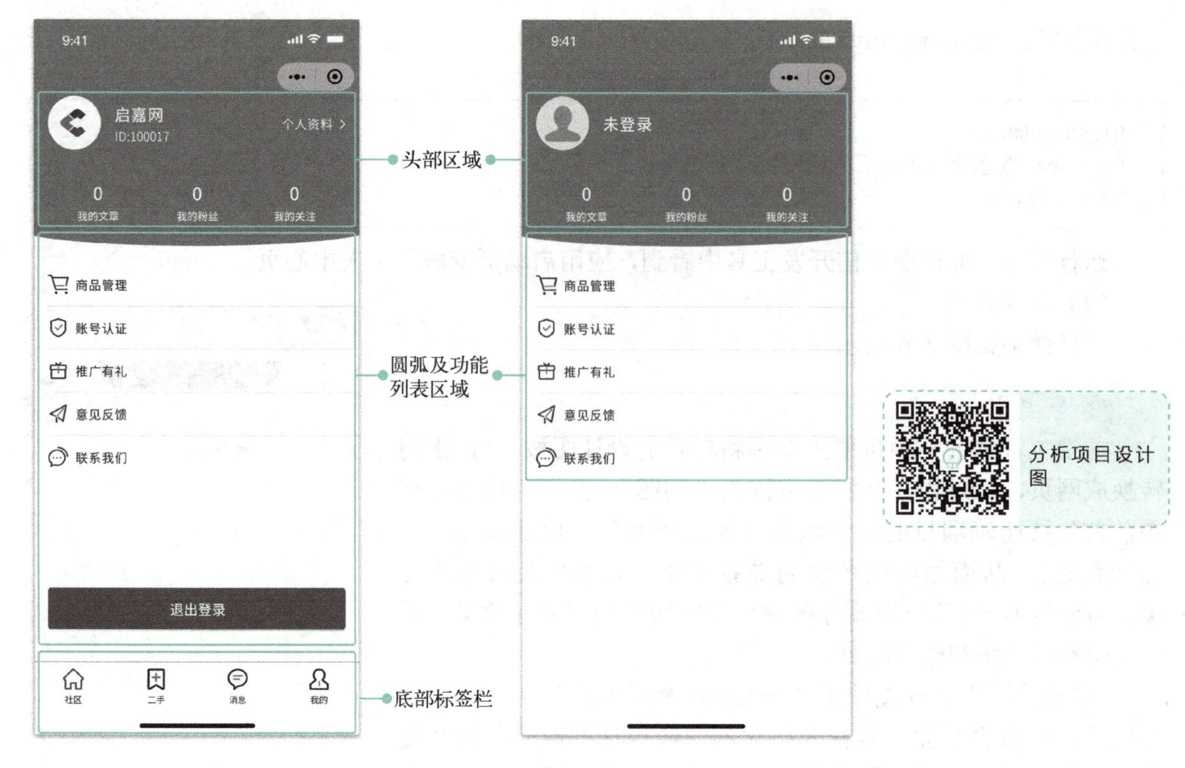

图 2-7　个人中心页结构分析

（2）代码实现

uni-app 提供了一个类似 HTML 中 div 的视图容器组件 view，在本任务及后面其他任务中会经常使用 view 组件搭建页面。关键代码如下。

文件路径：/pages/my/my.vue

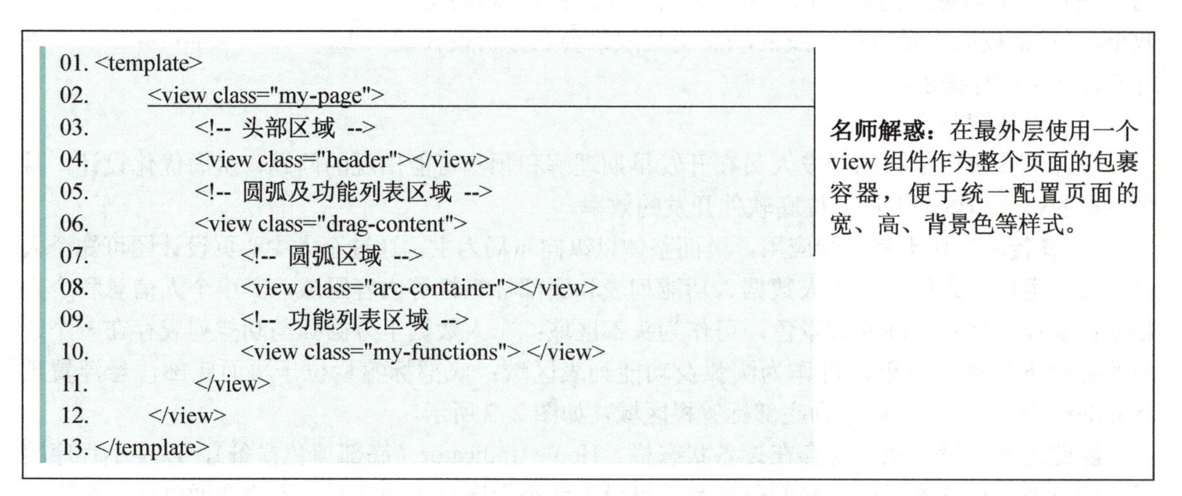

```
01. <template>
02.       <view class="my-page">
03.           <!-- 头部区域 -->
04.           <view class="header"></view>
05.           <!-- 圆弧及功能列表区域 -->
06.           <view class="drag-content">
07.               <!-- 圆弧区域 -->
08.               <view class="arc-container"></view>
09.               <!-- 功能列表区域 -->
10.               <view class="my-functions"> </view>
11.           </view>
12.       </view>
13. </template>
```

名师解惑：在最外层使用一个 view 组件作为整个页面的包裹容器，便于统一配置页面的宽、高、背景色等样式。

从上面的代码中可以看出，底部标签栏区域并没有体现在代码中，这是因为底部标签栏是通过 uni-app 的配置文件来实现的，详细内容将在子任务 2.5.5 中讲解。

2.5.2 制作头部区域

1. 搭建页面结构

（1）设计图分析

前面已经介绍过如何划分页面结构，按上一步骤中的分析逻辑，可将头部区域继续划分为个人信息和个人数据两部分，如图 2-8 所示。

个人信息部分为左右结构，登录状态下左侧展示用户的头像、昵称和 ID，右侧展示个人资料入口；未登录状态下左侧展示默认头像和“未登录”按钮，右侧为空。

个人数据部分为横向三等分结构，分别为“我的文章”“我的粉丝”和“我的关注”数据。

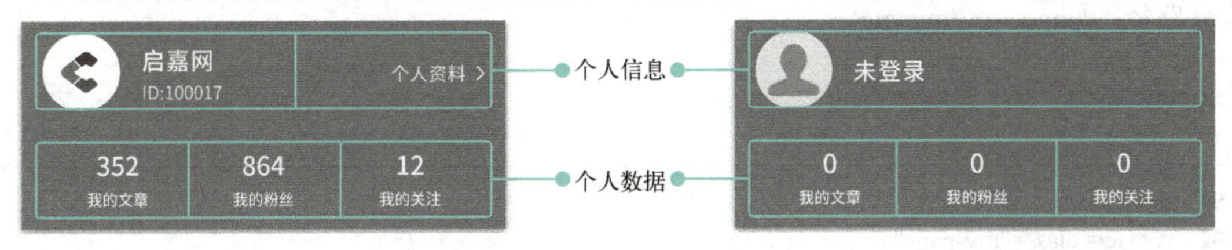

图 2-8　头部区域结构分析

不难发现，头部区域还可以继续向下划分，比如个人信息中用户头像、昵称和 ID 组成的局部区域还可以划分为左、右两部分（左侧为用户头像，右侧为用户昵称和 ID），此时或在遇到层级更多的嵌套结构时，只需要根据划分页面结构的原则逐层划分。本书中为了避免出现过多的分析性内容，不会在分析设计图时对页面结构进行逐层拆分讲解。

（2）引入字体图标

字体图标是现在的开发中常用来展示页面中图标（如图 2-8 头部区域中的右箭头图标）的一种形式，其原理是将图标制作成矢量字体文件，使用时如同在 CSS 中引入字体文件一样引入字体图标文件。相比于传统的通过图片形式展示图标，字体图标使用起来更加简单、快捷。

本项目使用的字体图标文件可通过“启嘉书盘”对应课程资源列表中的“字体图标”进行下载。下载的字体图标文件和 CSS 样式文件分别存放到项目的静态资源目录 static 与公共目录 common（common 目录一般用于存放公共样式与公共方法文件）中。在根目录下创建 common/css 目录，放入 iconfont.css 文件；在 static 目录下创建 font 目录，放入 iconfont.ttf 文件，如图 2-9 所示。

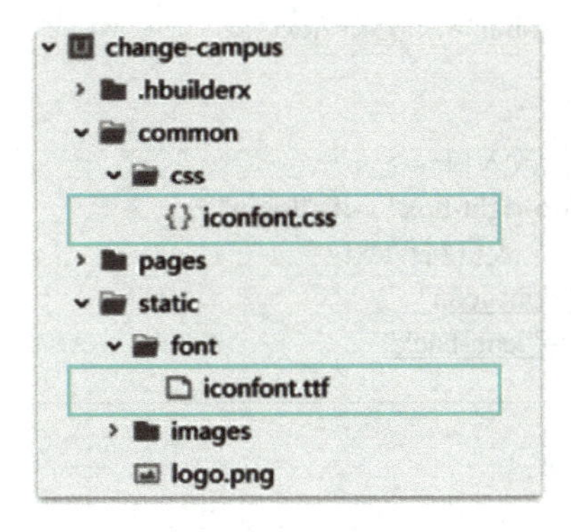

图 2-9　字体图标相关文件存放目录

（3）代码实现

除 view 组件以外，uni-app 还提供了更多与 HTML 标签功能类似的组件，比如用于展示图片的image组件、展示文本的text组件等，相比于普通的HTML标签，这些组件的功能更加丰富，在开发中使用会更加方便、高效。另外，uni-app还推出了一套基于Vue和Flex布局的跨端UI框架uni-ui，它具备高性能、跨全端、可扩展等特点，内含众多UI组件，方便开发者快速实现一些比较复杂的页面样式或效果，比如用来展示之前引入的字体图标的组件uni-icons。

在使用uni-ui组件库中的组件时，需要通过HBuilderX下载和安装组件，打开DCloud插件市场官网，搜索“uni-icons”，进入组件详情页，单击页面右侧“使用 HBuilderX 导入插件”，安装组件时需要登录DCloud和HBuilderX账号。

在完成组件安装后，可直接使用，无须注册和导入（import）。关键代码如下。

文件路径：/pages/my/my.vue

Template 部分

```
01. <template>
02.     <view class="my-page">
03.         <!-- 头部区域 -->
04.         <view class="header">
05.             <!-- 个人信息部分 -->
06.             <view class="user-info">
07.
08.                 <!-- 左侧头像及信息 -->
09.                 <view class="user-info-left-box">
10.                     <image
fit="cover" :src="login?'/static/images/loginAvatar.png'
:'/static/images/defaultAvatar.jpg'"
class="user-info-avatar"></image>
11.                     <view class="id-num-box" v-if="login">
12.                         <view class="user-name">启嘉网</view>
13.                         <view class="user-ids">
14.                             <text class="user-id">ID：0001</text>
15.                         </view>
16.                     </view>
17.                     <view class="login-container" v-else>
18.                         <text class="login-btn">未登录</text>
19.                     </view>
20.                 </view>
21.                 <!-- 右侧个人资料修改入口 -->
22.                 <view class="user-info-right-box" v-if="login">
23.                     <text class="text">个人资料</text>
24.                     <uni-icons class="right-icon"
custom-prefix="iconfont" type="icon-back"
color="#fff" size="28rpx">
25.                     </uni-icons>
26.                 </view>
27.             </view>
28.             <!-- 个人数据部分 -->
29.             <view class="user-data">
```

名师解惑：src属性设置的图片可以在设计图资源中下载，下载完成后，创建/static/images目录，用于存放图片文件。在软件开发过程中，文件和数据资源按照一定的规则和结构进行组织与存储，可以帮助开发者有效地管理和访问这些资源。

名师解惑：“个人资料”右侧的箭头引导标识为字体图标，可以使用uni-icons字体组件实现。

```
30.             <!-- 省略其余部分代码 -->
31.         </view>
32.     </view>
33.   </view>
34. </template>
```

CSS 部分

```
01. <style lang="scss" scoped>
02. .my-page {
03.     background: #ffffff;
04.     width: 100vw;
05.     height: 100vh;
06.     overflow: hidden;
07. /* 省略其余代码 */
08.         // 个人信息部分
09.         .user-info {
10.             height: 120rpx;
11.             padding: 0 32rpx;
12.             box-sizing: border-box;
13.             display: flex;
14.             align-items: center;
15.             justify-content: space-between;
16. /* 省略其余代码 */
17. }
18. </style>
```

名师解惑：为了增加页面美观性，.my-page 容器占满整个屏幕，因此分别设置.my-page 容器的高度和宽度为 100vh 与 100vw，即可视窗口高度和宽度的 100%。

名师解惑：此处父元素需要分成三部分，为了更好地实现自适应，故采用 Flex 布局。

JavaScript 部分

```
01. <script>
02.   export default {
03.     data() {
04.       return {
05.         login: true,
06.       };
07.     }
08.   }
09. </script>
```

名师解惑：通过设置 login 变量的布尔值，切换登录状态。

2. 使用 Sass 预处理器

在同一个项目中，所有页面都会遵循同一个设计规范，如规定的主题色系、标题字号、正文字号、元素间距等，一般在开发中会将这些规范样式定义成变量或方法，这样当设计规范需要调整时，直接修改定义好的相关变量或方法即可，无须对代码进行大面积修改。CSS 本身并不支持定义变量和方法，但是可以使用 Sass 预处理器去实现，从某种程度上来讲，Sass 可以使 CSS 变得像 JavaScript 一样使用。

在本项目中，将主题色系、字号等规范样式抽离到 common/css 目录下的 Sass 文件中，按照内容和功能将 Sass 文件分类，如 color.scss 用于存放颜色样式变量、iconfont.scss 用于存放字体图标样式等，然后创建 index.scss 来作为样式集中的引入文件，引入那些分类的公共 Sass 文件，如图 2-10 所示。

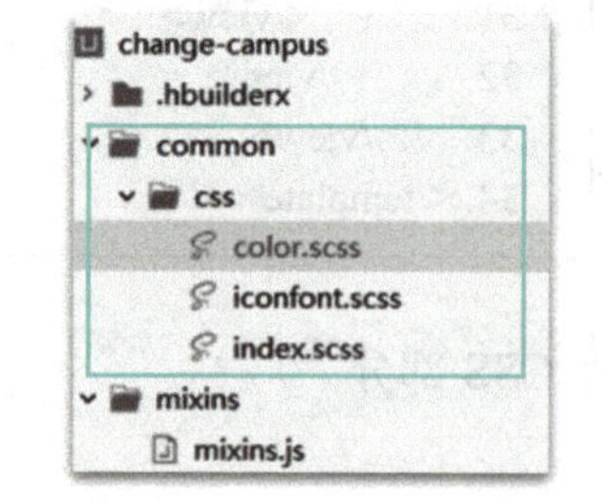

图 2-10　公共样式文件目录

注意，需要将 iconfont.css 改为 iconfont.scss，否则无法在 index.scss 中通过相对路径引用字体图标样式文件。

（1）代码实现

在 color.scss 中设置主题色变量，代码如下。

文件路径：common/css/color.scss

```
01. /* 主题色 */
02. $theme-color:#3FD3D1
```

在 index.scss 中引入 color.scss 和 iconfont.scss，代码如下。

文件路径：common/css/index.scss

```
01. /* 引入颜色公共样式文件 */
02. @import "./color.scss"
03. /* 引入字体图标样式文件 */
04. @import "./iconfont.scss"
```

在项目入口文件 App.vue 中引入 index.scss，使 index.scss 中引入的样式在所有页面中生效。

文件路径：/App.vue

```
01. <style lang="scss">
02. /* 引入全局公共样式 */
03. @import "/common/css/index.scss";
04. </style>
```

将 my.vue 中设置主题颜色的属性值替换为 Sass 变量“@theme-color”。

文件路径：/pages/my/my.vue

```
01. /* 省略其余代码 */
```

```
02. // 头部区域
03. .header {
04. width: 100%;
05. background: @theme-color;
06. overflow: hidden;
07. }
08. /* 省略其余代码 */
```

（2）运行效果

运行效果如图 2-11 所示。

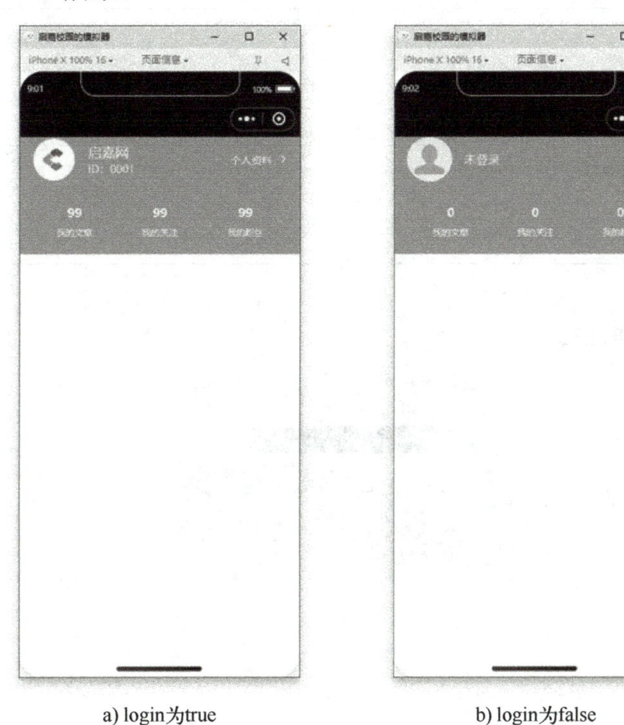

a) login为true　　　b) login为false

图 2-11　头部区域运行效果

2.5.3　制作自定义导航栏

1. 搭建页面结构

从图 2-11 中可以看出，个人中心页头部区域上方还有一块背景为黑色的区域，该区域为 uni-app 原生导航栏。uni-app 原生导航栏可以通过 pages.json 配置页面标题、背景色、阴影和标题颜色等样式。

uni-app 原生导航栏可以实现的功能比较简单，在项目中使用存在一定的局限性，例如无法拓展类似搜索框、选项栏之类的功能，不能满足一些特定的产品需求（在“启嘉校园”项目中便是如此），这种情况下可以选择使用自定义导航栏来解决这个问题。自定义思想强调不依赖于惯性思维或通用的解决方案，而是根据特定情况自主创造适合的解决方法，这要求开发者在工作中要保持思维的灵活性和创新性。

（1）代码实现

自定义导航栏可以通过 pages.json 进行配置，配置分为全局配置和单页面配置两种，通过全局样式配置属性 globalStyle 可进行全局配置，通过页面数组属性 pages 可进行单页面配置。“启嘉校园”项目中的所有页面均需要使用自定义导航栏，因此需要通过 globalStyle 属性进行全局配置，关键代码如下。

文件路径：/pages.json

```
01. /*省略其余代码*/
02. // 全局配置
03. "globalStyle": {
04. // 配置 navigationStyle 为 custom ，即自定义导航栏，默认导航栏将不再显示
05. "navigationStyle": "custom"
06. },
07. /*省略其余代码*/
```

（2）运行效果

运行效果如图 2-12 所示。

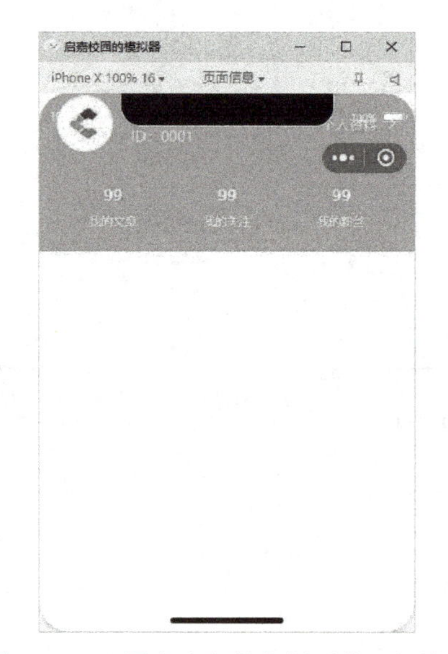

图 2-12 配置自定义导航栏后的运行效果

2. 导航栏高度的适配

从图 2-12 中可以看出，配置完自定义导航栏后，头部区域上方黑色背景区域消失了。但是此时头部区域与小程序右上角的胶囊按钮和设备状态栏发生了重叠，设计图中头部区域与顶部还应存在一段距离，这段距离为小程序胶囊按钮和设备状态栏的高度之和。因为不同小程序平台的胶囊按钮的高度不同，不同设备的状态栏高度也不相同，所以需要借助 JavaScript 动态获取小程序胶囊按钮和设备状态栏的高度。

（1）代码实现

在 my.vue 中添加 JavaScript 代码实现自定义导航栏在不同设备下的适配。关键代码如下。

文件路径：/pages/my/my.vue

Template 部分

```
01. <template>
02.     <!-- 省略其余代码 -->
03.     <!-- 头部区域 -->
04. // 通过设置头部区域 padding-top 为小程序胶囊按钮与设备状态栏的高度之和，实现头部区域设计图
    // 效果
05.     <view class="header" :style="{'padding-top': topPadding+'px'}">
06.         <!-- 省略其余代码 -->
07.     </view>
08. </template>
```

JavaScript 部分

```
01. <script>
02.     export default {
03.     data() {
04.         return {
05.             topPadding: 0
06.         };
07.     },
08.     onReady() {
09.         // 获取系统信息
10.         const SystemInfo = uni.getSystemInfoSync();
11.         // 获取设备状态栏高度
12.         let statusBarHeight = SystemInfo.statusBarHeight;
13.         // 获取胶囊按钮高度
14.         let titleBarHeight =
    uni.getMenuButtonBoundingClientRect().height;
15.         // 计算两者高度之和
16.         this.topPadding = statusBarHeight + titleBarHeight;
17.     },
18. }
19. </script>
```

名师解惑：在页面渲染完成后才能获取到设备和胶囊按钮信息，因此相关代码应在 onReady 生命周期内执行。生命周期函数可以帮助开发者更好地管理和优化小程序的功能与性能。

（2）运行效果

运行效果如图 2-13 所示。

在图 2-13 中可以看到，头部区域与顶部产生了一段间距，并且这段间距是动态设置的，所以当尝试运行项目到其他小程序平台或在其他设备上查看时，会发现运行效果是相同的。

2.5.4　制作圆弧及功能列表区域

1．搭建页面结构

（1）设计图分析

在子任务 2.5.1 的设计图分析中，提到了圆弧及功能列表区域存在一个联动的拖动下拉动态

效果，其内部又可分为纵向排列的圆弧区域、功能列表和退出按钮三部分，如图 2-14 所示。

图 2-13　自定义导航栏运行效果

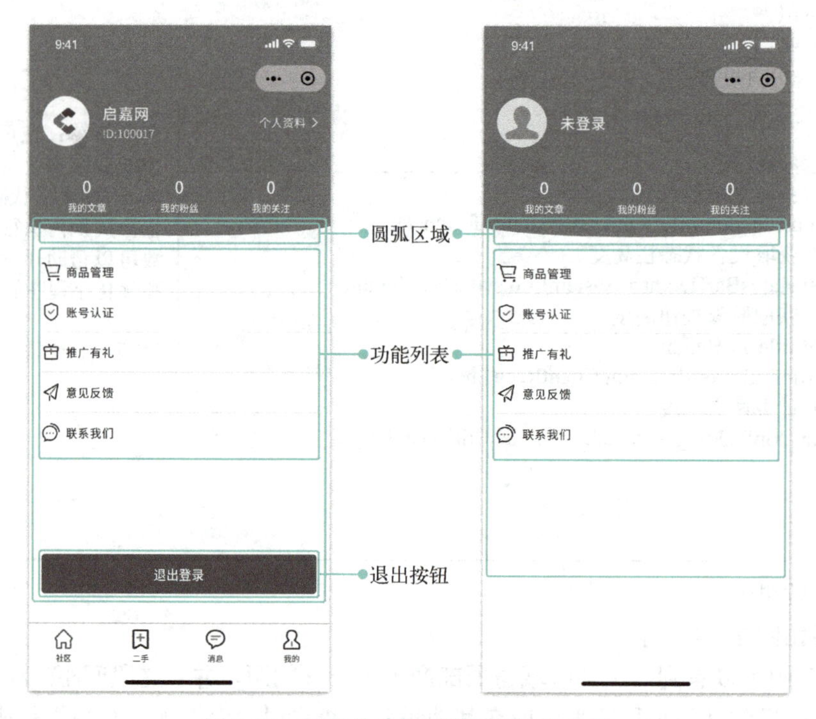

图 2-14　圆弧及功能列表区域结构分析

（2）代码实现

通常情况下功能列表可以使用 view 组件作为包裹容器，但是考虑到在分辨率较低的设备中功能列表可能不会完整显示，因此可以使用 uni-app 的可滚动视图容器组件 scroll-view 作为功能列表的包裹容器，使功能列表可以滚动显示。在 iOS 平台，小程序页面默认存在下拉效果，但本页面不需要下拉功能，为了实现不同平台间的兼容统一，故使用 scroll-view 和修改页面配置来达到此效果，关键代码如下。

文件路径：/pages/my/my.vue

Template 部分

```
01. <template>
02. <!-- 省略其余代码 -->
03. <!-- 圆弧和功能列表区域 -->
04. <view class="drag-content">
05.     <!-- 圆弧部分 -->
06.     <view class="arc-container"></view>
07.     <scroll-view scroll-y="true" class="scroll-container">
08.         <!-- 功能列表 -->
09.         <view class="scroll-container-content">
10.             <view class="my-functions">
11.                 <view>
12.                     <uni-icons custom-prefix="iconfont"
    type="icon-Shopping" size="24"></uni-icons>
13.                     <text>商品管理</text>
14.                 </view>
15.                 <!-- 省略其余代码 -->
16.             </view>
17.             <!-- 退出登录 -->
18.             <view class="exit-container" v-if="login">
19.                 <view class="exit-btn">
20.                     退出登录
21.                 </view>
22.             </view>
23.         </view>
24.     </scroll-view>
25. </view>
26. <!-- 省略其余代码 -->
27. </template>
```

名师解惑：不同设备的分辨率不同，可能会导致功能列表展示不完整。使用 scroll-view 组件作为功能列表的包裹容器，可实现功能列表区域的滚动，从而兼容不同设备，这就要求开发者在开发过程中思维严谨、周密，并用科学的思维方式解决问题。

CSS 部分

```
01. <style lang="scss" scoped>
02.     /* 省略其余代码 */
03.     .drag-content {
04.         background: #ffffff;
05.
06.         //圆弧区域
07.         .arc-container {
08.             width: 840rpx;
09.             height: 40rpx;
10.             transform: translateX(-45rpx);
```

名师解惑：设计图中的弧形区域是使用直径为 420px 的椭圆制作的，可换算为 840rpx。结合屏幕宽度 750rpx，弧形区域需要向左偏移 45rpx，以达到居中效果。

```
11.            background: #3FD3D1;
12.            border-bottom-right-radius: 375rpx 100%;
13.            border-bottom-left-radius: 375rpx 100%;
14.        }
15.
16.        .scroll-container {
17.            height: calc(100vh - 494rpx);
18.
19.            .scroll-container-content {
20.                padding-top: 64rpx;
21.                padding-bottom: 64rpx;
22.            }
23.        }
24.        // 功能列表
25.            /* 省略其余代码 */
26.            view {
27.                /* 省略其余代码 */
28.                &:last-child {
29.                    border-bottom: 0px solid #EEF2F4;
30.                }
31.            }
32.        }
33.
34.        //退出登录
35.            /* 省略其余代码 */
36.    }
37.    /* 省略其余代码 */
38. </style>
```

名师解惑：为避免功能列表的滚动影响头部区域，滚动区域的高度应为屏幕高度减去头部区域高度 454rpx 与圆弧高度 40rpx 之和 494rpx。使用 rpx 尺寸单位可以实现屏幕的自动适配。细小的代码改动往往会影响整个软件的质量、性能和用户的体验。

名师解惑：使用父选择器“&”，可以避免重复使用 view 父组件，达到简化代码的效果。

2. 实现拖动下拉效果

圆弧及功能列表的静态页面效果已经实现，接下来实现拖动下拉的动态效果。拖动下拉时，圆弧与功能列表位置下移；结束拖动下拉时，圆弧与功能列表回归原位。实现该功能后可以通过监听用户触摸屏幕事件，获取用户拖动位移的数值。当位移的数值超过指定大小时，通过改变圆弧及功能列表区域包裹容器的纵向平移属性 translateY 实现拖动下拉效果，关键代码如下。

文件路径：/pages/my/my.vue

Template 部分

```
01. <template>
02.     <view class="my-page"
    @touchstart="handlerTouchStart"
    @touchmove="handlerTouchMove"
    @touchend="handlerTouchEnd">
03. <!-- 头部区域 -->
```

```
04. <view class="header" :style="{'padding-top':
    topPadding+'px','padding-bottom':wideValue+'px'}">
05.         <!-- 省略其余代码 -->
06.         </view>
07.
08.     <!-- 圆弧及功能列表区域 -->
09.     <view class="drag-content" :style="{transform:
    'translateY('+translateY+'px)'}">
10.         <!-- 省略其余代码 -->
11.     </view>
12.     <!-- 省略其余代码 -->
13.   </view>
14. </template>
```

名师解惑：修改圆弧及功能列表区域的纵向平移数值，使该区域实现可拖动的效果。

JavaScript 部分

```
01. <script>
02.   const wideValue = 50;
03.   export default {
04.     data() {
05.       return {
06.         moveDistance: 0, // 当前产生的距离
07.         moveY: 0, // 拖拽中的 Y 点
08.         startY: 0, // 初始位置的 Y 点
09.         wideValue: wideValue,
10.         translateY: -1 * wideValue, // 自身 Y 点
11.         topPadding: 0,
12.         login:true
13.       };
14.     },
15.     onReady() {
16.       // 获取系统信息
17.       const SystemInfo = uni.getSystemInfoSync();
18.       // 获取状态栏高度
19.       let statusBarHeight = SystemInfo.statusBarHeight;
20.       // 获取小程序胶囊按钮高度
21.       let titleBarHeight =
   uni.getMenuButtonBoundingClientRect().height;
22.       // 计算两者高度之和
23.       this.topPadding = statusBarHeight + titleBarHeight;
24.     },
25.     methods: {
26.       // 开始拖拽
27.       handlerTouchStart(event) {
28.         this.startY = event.touches[0].clientY
29.       },
```

名师解惑：为了防止下拉时出现空白，初始状态时需要将下拉区域向上偏移一个 wideValue 的值。

上述问题的解决体现了面对挑战或问题时要灵活应对，而非僵化守旧。作为软件开发人员，持续学习，积极识变、应变，才能适应技术不断发展的环境，保持良好的行业竞争力。

```
30.          // 拖拽中
31.          handlerTouchMove(event) {
32.              this.moveY = event.touches[0].clientY
33.              this.moveDistance = this.moveY - this.startY
34.              if (this.moveDistance >= 0 &&
    this.moveDistance < this.wideValue) {
35.                  this.translateY = this.moveDistance - this.wideValue
36.              }
37.          },
38.          // 结束拖拽
39.          handlerTouchEnd() {
40.              this.translateY = -1 * this.wideValue
41.          },
42.      }
43.  }
44. </script>
```

CSS 部分

```
01. <style lang="scss" scoped>
02.     .my-page {
03.         /* 省略其余代码 */
04.             .drag-content {
05.                 background: #ffffff;
06.                 transition: all 0.3s linear;
07.             }
08.         /* 省略其余代码 */
09.     }
10. </style>
```

名师解惑：常用动画过渡时长为 0.3s、0.6s、0.8s，可根据视觉效果自行调整。

开发人员需要遵守编码惯例，勤于思考、注重实践，方可不断积累工程经验，厚积薄发。

2.5.5 制作底部标签栏区域

底部标签栏（tabBar）包含“社区”“二手”“消息”和“我的”四个 tab（见图 2-15）。tab 由图标与文字组成，选中状态下图标和文字都会高亮显示，但只能同时选中一个 tab。

实现 tabBar 有 uni-app 原生 tabBar 和自定义 tabBar 两种方式，前者的运行性能更高、开发效率更高（通过简单的配置便可实现，不需要大量样式或逻辑代码），因此在能够满足产品 tabBar 需求的前提下，建议使用前者。

“启嘉校园”项目可直接使用 uni-app 原生 tabBar 通过 pages.json 配置实现，关键代码如下。

图 2-15　底部标签栏区域

文件路径：/pages.json

```
01. {
02.     /* 省略其余代码 */
03.   //tabBar 配置
04.   "tabBar": {
05.     //文字颜色
06.     "color": "#999999",
07.     //选中状态下文字颜色
08.     "selectedColor": "#000",
09.     //上边框颜色 ，可选值：black、white
10.     "borderStyle": "black",
11.     //背景颜色
12.     "backgroundColor": "#ffffff",
13.     //tab 列表
14.     "list": [{
15.         //页面路径
16.         "pagePath": "pages/community/community",
17.         //文本内容
18.         "text": "社区",
19.         //图标路径
20.         "iconPath": "static/tab-icons/community.png",
21.         //选中状态下图片路径
22.         "selectedIconPath": "static/tab-icons/community-active.png"},
23.           /* 省略其余代码 */
24.           ]
25.   }
26.  /* 省略其余代码 */
27. }
```

名师解惑：tab 图标文件可在设计图资源中下载，下载完成后，创建 /static/tab-icons 目录，用于存放图片文件。

网络资源的使用需要尊重和保护原创者的权利。

运行效果如图 2-16 所示。

2.5.6 制作“联系我们”模态框

如图 2-17 所示，“联系我们”以模态框的形式呈现，模态框分为半透明黑色背景和中心内容两部分，中心内容位于页面顶层且在垂直和水平方向上均居中显示，半透明黑色背景层级仅低于中心内容层级。

图 2-16 底部标签栏运行效果

图 2-17 “联系我们”模态框

uni-ui 组件库提供了一个用于实现模态框的弹出层组件 uni-popup，uni-popup 为扩展组件，需要进行安装，使用 HBuilderX 完成组件的安装后即可使用，关键代码如下。

文件路径：/pages/my/my.vue

Template 部分

```
01. <template>
02.     <!-- 省略其余代码 -->
03.         <scroll-view scroll-y="true" class="scroll-container">
04.             <!-- 功能列表 -->
05.                 <!-- 省略其余代码 -->
06.                 <view @click="handleOpenContact">
07.                     <uni-icons custom-prefix="iconfont" type="icon-contact" size="24">
```

```
08.                 </uni-icons>
09.                 <text>联系我们</text>
10.             </view>
11.             <!-- 省略其余代码 -->
12.     </scroll-view>
13.     <!-- 省略其余代码 -->
14.     <!-- 联系我们（模态框）-->
15. // 使用 ref 属性设置组件唯一标识，使用 type 设置组件弹出方式为居中弹出
16.     <uni-popup ref="contact" type="center">
17.         <view class="contact-us">
18.             <image class="contact-us-logo" src="/static/cat.png" mode="widthFix"></image>
19.             <view class="contact-us-content">
20.                 <text class="contact-us-content-title">
21.                     联系我们
22.                 </text>
23.                 <text>QQ：**</text>
24.                 <text>微信：***</text>
25.             </view>
26.         </view>
27.     </uni-popup>
28. </template>
```

JavaScript 部分

```
01. <script>
02.     export default {
03.         /* 省略其余代码 */
04.         methods: {
05.             /* 省略其余代码 */
06.             handleOpenContact() {
07.                 this.$refs.contact.open()
08.             }
09.         }
10.     }
11. </script>
```

名师解惑：通过$refs 获取名为 contact 的弹出层组件并调用 open 方法，打开弹出层。

CSS 部分

```
01. <style lang="scss" scoped>
02.     .my-page {
03.         /* 省略其余代码 */
04.         // 联系我们
05.         .contact-us {
06.             position: fixed;
07.             top: 50%;
```

```
08.            left: 50%;
09.            width: 70%;
10.            display: flex;
11.            flex-direction: column;
12.            align-items: center;
13.            transform: translate(-50%, -50%);
14.
15.            .contact-us-logo {
16.              width: 70%;
17.              z-index: 1;
18.              transform: translate(-10rpx, 13px);
19.            }
20.          /* 省略其余代码 */
21.          }
22.      }
23. </style>
```

名师解惑：由于一个元素的左上角为其原点，设置 50%的居中其实是为了将原点放在中心位置，故需要将该元素向左和向上分别调整其宽度与高度的一半，最终才可实现该元素在父元素中视觉上的居中。

名师解惑：为了实现小猫 logo 抓住下文区域内容的效果，避免自动居中导致的数值对齐而视觉不对齐的问题，需要单独调整 logo 位置。

软件开发要坚持严谨、认真的态度，使用标准、精确的数据，追求更好的效果。

运行效果如图 2-18 所示。

图 2-18 “联系我们”模态框运行效果

至此，已经完成了“启嘉校园”项目的搭建并且制作了第一个页面“个人中心页”，下面将分别根据“任务测试”和“学习自评”完成任务测试检验与学习成果的自我评价。

2.6 任务测试

任务测试见表 2-3。

表 2-3　任务测试

测试条目	是否通过
比对开发页面和设计图，核对字号、颜色、间距等设计参数	
修改 login 变量布尔值，实现个人中心页登录和未登录状态的切换	
单击“联系我们”按钮，弹出模态框；单击遮罩层关闭模态框	
单击底部标签栏，实现页面切换；选中的 tab 高亮显示	
拖动时圆弧及功能列表区域可实现下拉效果	

2.7 学习自评

学习自评见表 2-4。

表 2-4　学习自评

评价内容	了解/掌握
是否了解移动端尺寸单位的换算规则	
是否掌握自定义导航栏配置	
是否掌握如何分析设计图	
是否掌握 Flex 布局的应用	
是否掌握 Sass 的使用	

2.8 课后练习

1. 选择题

（1）在 uni-app 中，以下哪个配置可以用于设置自定义导航栏？（　　）

A. navigation　　B. navigationBarTextStyle

C. navigationBarTitleText　　D. navigationStyle

（2）在 uni-app 中，以下哪个组件可以用于创建弹出层？（　　）

A. view　　B. uni-popup

C. text　　D. navigationBar

（3）在 uni-app 中，以下哪个语法可以用于定义 Sass 变量？（　　）

A. $var:value　　B. #var:value

C. var:value　　D. @var:value

2. 填空题

（1）在 uni-app 中，________组件可以用于创建可滚动视图容器。

（2）uni-app 中的页面路由配置文件是________。

3. 简答题

简述 uni-app 自定义导航栏的配置方法。

2.9 任务拓展

1. 功能拓展

根据设计图，实现“二手”首页，效果如图 2-19 所示。

- 单击底部“二手”标签可进行页面切换。
- 参照官方手册，使用 Swiper 组件实现 banner 轮播图效果。
- 除轮播图以外，实现页面的静态样式，核对字号、颜色、间距等设计参数。

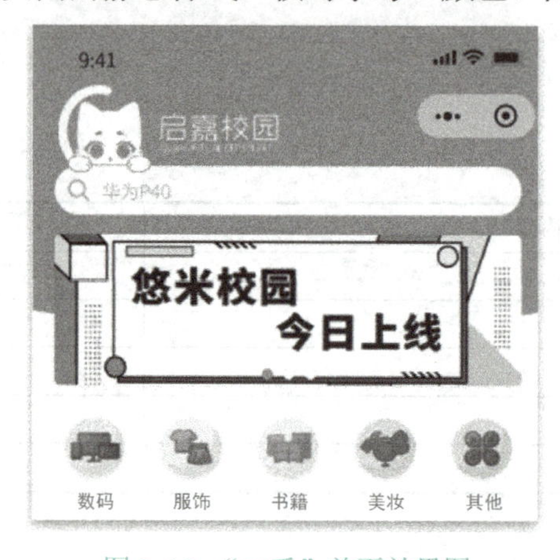

图 2-19 “二手”首页效果图

2. 案例拓展

科技是第一生产力、人才是第一资源、创新是第一动力，学习技术的目的是为社会进步和可持续发展做出贡献。

小高是从太行山山区走出来的大学生创业者，其企业最近中标了某乡村旅游平台小程序项目。

小高的企业需要选派多名工作人员驻村以进行平台的开发和部署，其中小高负责开发小程序的个人中心页面，其功能主要包括：

- 头像、背景图、昵称、手机号信息的展示和编辑；
- 实名认证；
- 我的门票、我的收藏、我的相册；
- 退出登录。

根据以上需求完成小程序静态页面设计与开发。

任务 3 制作个人资料页

3.1 任务描述

在互联网产品中，修改头像、昵称、个性签名等功能是产品的基本功能，其目的是满足用户的个性化需求。本任务将制作“启嘉校园”项目的个人资料页面，该页面主要用于修改用户基本信息，包括用户的头像、昵称、个性签名、性别、手机号和微信号。个人资料往往涉及用户多项个人信息，开发者在开发过程中应充分关注用户信息安全。

3.2 任务效果

任务效果如图 3-1 所示。

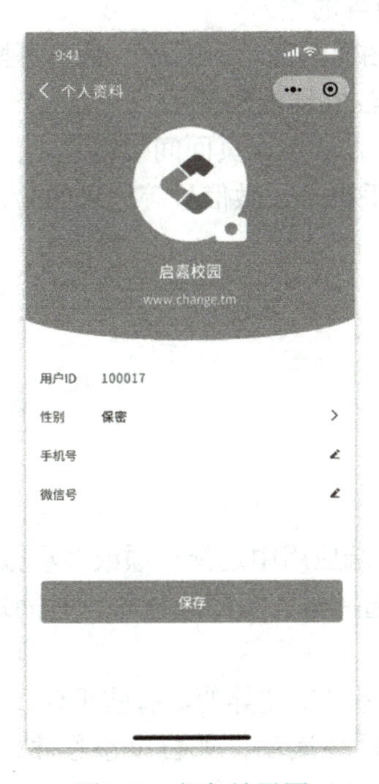

图 3-1 任务效果图

3.3 学习目标

素养目标

- 通过学习使用正则表达式掌握手机号、微信号等信息的验证方法，培养开发者发现问题、分析问题、解决问题的能力。

- 通过实现“用户扩展资料区域”中用户信息的显示功能，强化学习者对个人信息的保护意识。
- 通过巩固、拓展练习，树立学习者脚踏实地、身体力行的实践精神。

知识目标

- 掌握 uni-app 的 picker（弹出式列表选择器）组件的使用。
- 掌握 uni-app 的 input（单行输入框）组件的使用。
- 掌握 uni-app 的 image（图片）组件的使用。
- 掌握消息提示方法 uni.showToast 的使用。
- 掌握 uni-app 页面跳转方法的使用。
- 掌握正则表达式的使用。

能力目标

- 能够使用 picker 组件实现滚动选择性别。
- 能够使用 input 组件完成内容的输入。
- 能够使用 image 组件完成图像的展示、缩放、裁剪等操作。
- 能够使用 uni.showToast 方法实现消息提示。
- 能够使用 uni-app 页面跳转方法实现页面间跳转。
- 能够使用正则表达式完成手机号、微信号等信息的验证。

3.4 知识储备

3.4.1 picker 组件

picker 组件是一种能够在移动端应用中选择一项或多项数据的 UI 组件，可从底部弹起。它支持五种选择器，分别为：普通选择器、多列选择器、时间选择器、日期选择器、省市区选择器，默认为普通选择器。

picker 组件在各平台的实现是有 UI 差异的，有些平台（如支付宝小程序的 Android 端）在中间弹出选择器；有些平台支持循环滚动，如百度小程序；有些平台没有“取消”按钮，如 App 的 iOS 端，但均不影响功能的使用。

picker 组件的使用比较简单，只需要在页面的<template>中添加 picker 组件，并设置相应的属性，如 mode、range 等。在<script>中定义相应的数据和方法，参见下面的示例代码。

```
01. <template>
02.     <view>
03.         <picker mode="selector" :range="{{array}}" bindchange="pickerChange">
04.             <view class="picker">
05.                 {{array[index]}}
```

```
06.         </view>
07.       </picker>
08.     </view>
09. </template>
10.
11. <script>
12.     export default {
13.       data() {
14.         return {
15.           array: ['选项 1', '选项 2', '选项 3', '选项 4', '选项 5'],
16.           index: 0
17.         }
18.       },
19.       methods: {
20.         pickerChange(e) {
21.           this.index = e.detail.value
22.         }
23.       }
24.     }
25. </script>
```

在上述代码中，mode 属性设置为 selector，表示 picker 组件为弹出式列表选择器；array 是数据源；index 是当前选择项的下标；pickerChange 是选择器值改变时的回调函数，将选中的值保存在 index 中。

除弹出式列表选择器以外，picker 组件还支持日期选择器和时间选择器等，可以根据需求进行相应的设置。

picker-view 也是一个选择器，但与 picker 不同，它可以在页面中直接嵌入。它提供了一个滚动的列表，可以在水平和垂直方向上滚动。picker-view 可以用于选择多个值，如省市区、时间段、表情等。可以使用 picker-view 创建复杂的交互式界面，如日历、图表等。

总之，picker 和 picker-view 都是非常有用的组件，可以为 uni-app 应用程序创建交互式选择器。选择哪个组件取决于应用程序的需求，如果只需要选择单个值，则可以使用 picker；如果需要选择多个值或创建复杂的交互式界面，则应选择 picker-view。

3.4.2　input 组件

uni-app 的 input 组件是一种常用的表单输入组件，用于接收用户输入的数据。它支持多种类型的输入，如文本、数字、密码等，也支持自定义输入框样式、事件等。该组件应用的业务场景较多，比如登录时输入的用户名、密码，注册时输入的各种表单信息，以及查询时输入的检索关键字等。该组件在移动端应用时常见的属性及事件如下。

1. confirm-type 属性与 confirm-hold 属性

这两个属性主要用来控制键盘。在设置 confirm-hold 属性为 true 时，单击键盘右下角按钮后，键盘将不会被收起。这两个属性的对比见表 3-1。

表 3-1 confirm-type 属性与 confirm-hold 属性的对比

属性名	类型	默认值	说明	支持的平台
confirm-type	String	done	设置键盘右下角按钮上显示的文字，仅在 type="text"时生效	微信小程序、App、H5、快手小程序、京东小程序
confirm-hold	Boolean	false	单击键盘右下角按钮后，是否保持键盘不收起	App、H5、微信小程序、支付宝小程序、百度小程序、QQ 小程序、京东小程序

input 组件的使用，参见下面的示例代码：

```
01. <input v-model="value" placeholder="小程序中使用 input 框与 PC 端略有不同" :confirm-hold="true" />
```

键盘右下角按钮，就是手机在输入时键盘右下角出现的按钮，这个按钮一般是发送、完成或搜索。通过设置 confirm-type 属性，可以控制键盘右下角按钮显示对应的文字内容，例如当 confirm-type 设置为 send 时，可将右下角按钮上的文字设置成“发送”。confirm-type 属性值及其说明见表 3-2。

表 3-2 confirm-type 属性值及其说明

值	说明	支持的平台
send	右下角按钮上显示文字为“发送”	微信小程序、支付宝小程序、百度小程序、快手小程序、京东小程序、app-nvue、app-vue 和 H5（要求设备 WebView 内核为 Chrome 81+、Safari 13.7+）
search	右下角按钮上显示文字为“搜索”	
next	右下角按钮上显示文字为“下一个”	微信小程序、支付宝小程序、百度小程序、快手小程序、京东小程序、app-nvue、app-vue 和 H5（要求设备 WebView 内核为 Chrome 81+、Safari 13.7+）
go	右下角按钮上显示文字为“前往”	
done	右下角按钮上显示文字为“完成”	微信小程序、支付宝小程序、百度小程序、快手小程序、京东小程序、app-nvue、app-vue 和 H5（要求设备 WebView 内核为 Chrome 81+、Safari 13.7+）

input 组件中 confirm 属性的设置，参见下面的示例代码。

```
01. <input
02.     v-model="value"
03.     placeholder="小程序中使用 input 框与 PC 端略有不同"
04.     :confirm-hold="true"
05.     confirm-type="send"/>
```

2. @input 事件

@input 事件会在输入框内输入内容时实时触发，属性说明见表 3-3。

表 3-3 @input 事件属性说明

属性名	类型	说明
@input	EventHandle	当键盘输入时，触发 input 事件，event.detail={value}

比如百度的搜索框联想词功能，当用户输入内容时，需要根据内容匹配合适的搜索结果，这时就可以使用@input 事件。

下面实现搜索框的搜索联想功能。当在输入框输入字符时，立刻进行网络请求，将相关推荐展示在下方的列表中，每次展示的内容都为当前最新输入的内容推荐词，参见下面的示例代码。

```
01. <input placeholder="搜索框输入内容发生变化时需要立刻进行网络请求并搜索关联词汇" @input="handleInput" />
02. {{ value }}
03. <script>
04. export default {
05. methods: {
06.     handleInput(event) {
07.       this.value = event.detail.value;
08.     }
09.   }
10. };
11. </script>
```

以上效果和双向绑定非常像，其实 v-model 双向绑定针对 input 控件，内部也是通过@input 事件实现的。

3．@confirm 事件

@confirm 事件会在单击“完成”按钮时触发，属性说明见表 3-4。

表 3-4　@confirm 事件属性说明

属性名	类型	说明	支持的平台
@confirm	EventHandle	单击“完成”按钮时触发，event.detail={value:value}	快手小程序不支持

当单击手机键盘上的“完成”按钮时，会触发该事件。在业务场景中，一般将此操作等同于单击“确认”按钮，比如在登录界面中，输入用户名与密码，在手机键盘上直接单击“完成”按钮，即可触发登录事件，不再需要单击“登录”按钮，参见下面的示例代码。

```
01. <input placeholder="ElementUI 是一套基于 Vue 2.0 的桌面端组件库" @confirm="handleConfirm" />
02.   <script>
03. export default {
04.   methods: {
05.     handleConfirm(event) {
06.       console.log('单击完成按钮，触发事件');
07.     }
08.   }
09. };
10. </script>
```

3.4.3　image 组件

uni-app 的 image 组件在移动端的使用与在 Web 端类似，都是用于展示图片的 UI 组件，可以加载本地图片或网络图片。不同的是，uni-app 中的 image 组件有更多的属性和事件，例如缩放模式、显示动画效果、长按图片识别小程序码等。

下面重点讲解 image 组件在移动端常用的属性和事件。

1．src 属性

作用：设置要展示的图片路径，可以是本地图片或网络图片的路径。

```
01. <image src="../../static/logo.png" />
```

2．mode 属性

作用：设置图片展示模式，可选值如下所示。

- aspectFit：等比缩放，保持宽高比不变，同时显示完整的图片内容。
- aspectFill：等比缩放，保持宽高比不变，但是可能只显示部分图片内容。
- widthFix：缩放图片宽度，高度自适应，宽高比不变。
- heightFix：缩放图片高度，宽度自适应，宽高比不变。
- center：居中显示，不缩放。

```
01. <image src="../../static/logo.png" mode="aspectFit" />
```

3．lazy-load 属性

作用：设置图片是否使用懒加载技术，当图片进入可视区域时才开始加载。

```
01. <image src="../../static/logo.png" lazy-load />
```

4．show-menu-by-longpress 属性

作用：设置长按图片时是否显示菜单，包括保存图片和复制图片地址。

```
01. <image src="../../static/logo.png" show-menu-by-longpress />
```

5．@load 和@error 事件处理

作用：分别设置图片加载成功和失败时的事件，可以进行相应的处理，如提示用户、重试加载等。

```
01. <image src="{{imageUrl}}" @load="onImageLoad" @error="onImageError" />
02. <script>
03.     export default {
04.         data() {
05.             return {
06.                 imageUrl: 'https://example.com/image.jpg'
07.             }
08.         },
09.         methods: {
10.             onImageLoad() {
11.                 console.log('Image loaded successfully.')
12.             },
13.             onImageError() {
14.                 console.log('Failed to load image.')
15.             }
16.         }
17.     }
18. </script>
```

在上述代码中，使用 data 属性定义 imageUrl 变量，用于保存要展示图片的网络地址。在 image 组件中，将 imageUrl 绑定到 src 属性，同时设置@load 和@error 事件，分别在图片加载成功和失败时触发相应的方法。在 methods 属性中定义 onImageLoad 和 onImageError 方法，分

别处理图片加载成功和失败的情况。

在移动端使用 image 组件时，需要注意以下几点。

- 图片大小和质量：移动设备的屏幕尺寸较小，因此需要对图片大小和质量进行适当的优化，以提高页面加载速度和用户体验。
- 图片路径：在移动端，图片路径建议使用相对路径或 CDN 地址，避免使用本地绝对路径，以确保图片能够正确加载。
- 图片缓存：移动设备的存储空间有限，因此需要合理地管理图片缓存，避免占用过多的存储空间。
- 图片展示模式：在移动端，由于屏幕尺寸和分辨率的限制，因此需要根据具体场景选择合适的图片展示模式，以确保图片能够正确展示并满足用户需求。

image 组件在移动端的具体使用方法和属性设置可参考官方文档。

3.4.4　uni-app 常用提示框

在移动应用开发中，很多场景都会使用信息提示，常用的提示框有消息提示框、加载提示框、模态框和列表选择提示框。

1. showToast 消息提示框

作用：在页面底部弹出短暂的提示信息，通常用于展示成功或失败的消息。

```
01. // 显示 Toast
02. uni.showToast({
03.     title: '操作成功',
04.     icon: 'success',
05.     duration: 2000
06. })
07.
08. // 隐藏 Toast
09. uni.hideToast()
```

在上述代码中，使用 uni.showToast 方法显示提示信息，其中 title 属性设置提示信息；icon 属性设置图标类型，可以是 success、loading 或 none；duration 属性设置显示时长，单位为 ms。使用 uni.hideToast 方法隐藏提示信息。

2. showLoading 加载提示框

showLoading 是 uni-app 中用于显示加载中动画的方法，它可以在页面中间显示一个加载中的动画，让用户知道当前页面正在加载数据或执行操作。

```
01. uni.showLoading({
02.     title: '加载中',
03.     mask: true
04. })
```

参数说明如下。

- title：加载中动画下方显示的文字，默认为“加载中”。

- mask：是否显示遮罩层，默认为 true，表示显示遮罩层。

参见下面的示例代码。

```
01. // 显示加载中动画
02. uni.showLoading({
03.     title: '加载中',
04.     mask: true
05. })
06. // 隐藏加载中动画
07. uni.hideLoading()
```

在上述代码中，使用 uni.showLoading 方法显示加载中动画，使用 uni.hideLoading 方法隐藏加载中动画。

在使用该方法时，需要注意以下两点。

- showLoading 方法在调用之后需要手动调用 hideLoading 方法才能隐藏加载中动画。
- showLoading 方法在显示加载中动画的同时会锁定页面，防止用户进行其他操作，直到调用 hideLoading 方法隐藏加载中动画为止。

3. showModal 模态框

作用：弹出模态框，通常用于询问用户是否进行某个操作，需要用户进行确认或取消。

```
01. // 显示 Modal
02. uni.showModal({
03.     title: '提示',
04.     content: '确定删除该记录吗？',
05.     success(res) {
06.         if (res.confirm) {
07.             console.log('用户单击确定')
08.         } else if (res.cancel) {
09.             console.log('用户单击取消')
10.         }
11.     }
12. })
```

在上述代码中，使用 uni.showModal 方法显示 Modal，其中 title 属性为模态框标题，content 属性为模态框内容，success 回调函数用于处理用户单击按钮的情况，可以分别根据 res.confirm 和 res.cancel 属性来判断用户是否单击了“确定”与“取消”按钮。

4. showActionSheet 列表选择提示框

作用：弹出操作菜单，通常用于展示多个操作选项，让用户选择其中一个操作。

```
01. // 显示 ActionSheet
02. uni.showActionSheet({
03.     itemList: ['选项一', '选项二', '选项三'],
04.     success(res) {
05.         console.log('用户单击了', res.tapIndex + 1, '号选项')
06.     },
07.     fail(res) {
```

```
08.         console.log(res.errMsg)
09.     }
10. })
```

在上述代码中，使用 uni.showActionSheet 方法显示 ActionSheet，其中 itemList 属性为操作选项列表，success 回调函数用于处理用户单击选项的情况，可以根据 res.tapIndex 属性来获取用户选择的选项序号。如果显示 ActionSheet 失败，则将触发 fail 回调函数，可以根据 res.errMsg 属性来获取失败原因。

注意：在 uni-app 中，提示框的使用可能会受到原生端的限制并有一些差异，需要根据实际情况进行调整和处理。

3.4.5 页面跳转

在 uni-app 中，页面跳转可以使用 uni.navigateTo、uni.redirectTo 和 uni.navigateBack 方法实现。

uni-app 页面跳转

1. uni.navigateTo 方法

作用：保留当前页面，跳转到应用内的某个页面，可通过 uni.navigateBack 返回到原页面。

```
01. // 跳转到目标页面
02. uni.navigateTo({
03.     url: '/pages/target/target'
04. })
```

在上述代码中，使用 uni.navigateTo 方法跳转到目标页面，其中 url 属性为目标页面的路径。

2. uni.redirectTo 方法

作用：关闭当前页面，跳转到应用内的某个页面。

```
01. // 跳转到目标页面
02. uni.redirectTo({
03.     url: '/pages/target/target'
04. })
```

在上述代码中，使用 uni.redirectTo 方法关闭当前页面，直接跳转到目标页面，其中 url 属性为目标页面的路径。

在使用该方法时，需要注意以下几点。

- 页面跳转时需要注意路径的正确性和合法性，可以使用绝对路径或相对路径进行跳转。
- 在 uni.navigateTo 和 uni.redirectTo 方法中，路径不能带有 query 参数，如果需要传递参数，则可以使用 uni.setStorageSync 方法存储数据，或者使用 uni.navigateTo 和 uni.redirectTo 方法中的 events 参数进行传递。
- 如果需要跳转到外部链接或其他应用程序，则可以使用 uni.navigateToMiniProgram 和 plus.runtime.openURL 方法实现。
- 在一些情况下，页面跳转可能会被原生端屏蔽或者显示异常，需要根据实际情况进行调整和处理。

3．uni.navigateBack 方法

作用：关闭当前页面，返回上一页面或多级页面。

```
01. // 返回上一页面
02. uni.navigateBack()
03. // 返回多级页面
04. uni.navigateBack({
05.     delta: 2
06. })
```

在上述代码中，使用 uni.navigateBack 方法返回上一页面，或返回多级页面，其中 delta 属性为返回的页面层数，默认为 1。

在使用该方法时，需要注意以下几点。

- 页面跳转返回时需要注意返回的页面层数，如果 delta 属性大于当前页面栈的长度，则将无法返回到目标页面。
- 页面跳转返回时可以使用 uni.getStorageSync 方法获取之前存储的数据，以便进行页面跳转后的操作。
- 在一些情况下，页面跳转返回可能会被原生端屏蔽或者显示异常，需要根据实际情况进行调整和处理。

任务 3 对应的完整知识储备见 https://book.change.tm/01/task3.html。

3.5 任务实施

3.5.1 页面结构分析与搭建

1．新建页面文件

个人资料页属于个人中心页的二级页面，可以通过单击个人中心页中的“个人资料”进入。在任务 2 中提到过，子页面文件或目录应创建在一级页面文件目录下，在/pages/my 目录下新建名为“material”的 Vue 文件，在新建文件时勾选“创建同名目录”复选框，文件最终路径为“/pages/my/material/material.vue”。

2．搭建个人资料页结构

（1）设计图分析

根据个人资料页中内容相关度进行页面结构划分，可将用户头像、昵称、个性签名和返回上级页面按钮划分为用户基本资料区域，将用户 ID、性别、手机号、微信号和“保存”按钮划分为用户扩展资料区域，如图 3-2 所示。

（2）代码实现

使用 view 组件搭建个人资料页结构，关键代码如下。

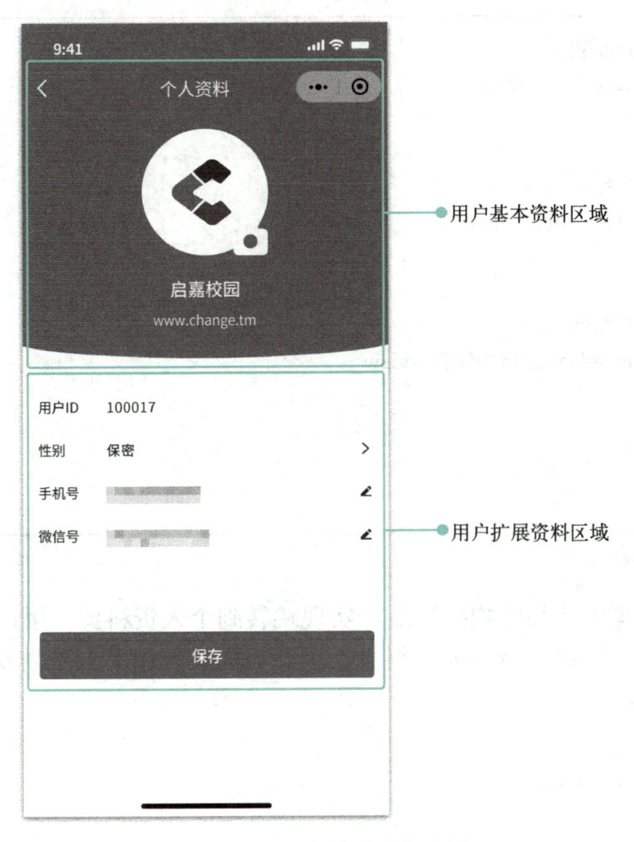

图 3-2　个人资料页结构分析

文件路径：/pages/my/material/material.vue

Template 部分

```
01. <template>
02. <scroll-view class="material-page">
03.     <view class="main-container">
04.         <!-- 用户基本资料区域 -->
05.         <view class="header-box">
06.         </view>
07.         <!-- 圆弧部分 -->
08.         <view class="header-footer"></view>
09.         <!-- 内容区域 -->
10.         <view class="content">
11.             <!-- 用户 ID -->
12.             <view class="contentItem">
13.
14.             </view>
15.             <!-- 用户性别 -->
16.             <view class="contentItem">
17.             </view>
```

```
18.             <!-- 用户手机号 -->
19.             <view class="contentItem">
20.                 </view>
21.             </view>
22.             <!-- 用户微信号 -->
23.             <view class="contentItem">
24.
25.             </view>
26.             <!-- 保存按钮 -->
27.             <view class="saveBtn">保存</view>
28.         </view>
29.     </view>
30.   </scroll-view>
31. </template>
```

3．实现跳转到个人资料页

在完成个人资料页创建和结构搭建后，实现跳转到个人资料页。用户通过单击个人中心页的“个人资料”按钮可以跳转至个人资料页，因此页面跳转相关方法需要在“my.vue”文件中编写，关键代码如下。

文件路径：/pages/my/my.vue

Template 部分

```
01.             <!-- 右侧个人资料修改入口 -->
02.             <view class="user-info-right-box" v-if="login"
    @click="handleJumpPage(' /pages/my/material/material')">
03.                 <text class="text">个人资料</text>
04.                 <uni-icons class="right-icon" custom-prefix="iconfont"
    type="icon-back" color="#fff" size="28rpx">
05.                 </uni-icons>
06.             </view>
```

名师解惑： 只有 v-if="login"成立，才能通过点击事件跳转到个人资料页面。程序开发是一种强逻辑性的行为，良好的逻辑思维对编写高质量和可维护的代码至关重要。

使用 uni.navigateTo 方法可以实现跳转到应用中某个页面，并保留当前页面（目的是跳转页面后能够返回上级页面，下文中会使用返回上级页面的方法）。在 JavaScript 中编写页面跳转方法，关键代码如下。

JavaScript 部分

```
01. // 页面跳转方法
02. handleJumpPage(url) {
03.     uni.navigateTo({
04.         url: url
05.     })
06. }
```

3.5.2　制作用户基本资料区域

1. 搭建用户基本资料区域结构

（1）设计图分析

用户基本资料区域可划分为返回按钮、头像、昵称、个性签名及圆弧五个部分，每个部分独占一行，如图 3-3 所示。

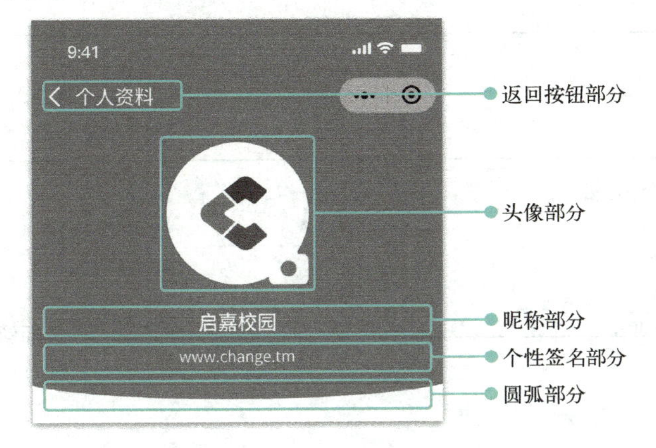

图 3-3　用户基本资料区域结构分析

（2）代码实现

使用 view 组件搭建用户基本资料区域结构，关键代码如下。

文件路径：/pages/my/material/material.vue

Template 部分

```
01. <template>
02.     <view class="page">
03.         <view class="body">
04.             <!-- 用户基本资料区域 -->
05.             <view class="header-box">
06.                 <!-- 返回按钮 -->
07.                 <view class="back-container">
08.                 </view>
09.                 <!-- 头像部分 -->
10.                 <view class="header">
11.
12.                 </view>
13.                 <!-- 昵称部分 -->
14.                 <view class="userName">
15.
16.                 </view>
17.                 <!-- 个性签名部分 -->
18.                 <view class="userSignature">
```

名师解惑：此处采用滚动条的方式，解决在不同机型的宽高比下页面无法完整呈现的问题。

```
19.
20.             </view>
21.         </view>
22.         <!-- 圆弧部分 -->
23.         <view class="header-footer"></view>
24.     </view>
25.   </view>
26. </template>
```

名师解惑：圆弧部分向下凸起，为了方便处理，未与其他部分放在同一容器内。

CSS 部分

```
01. <style lang="scss" scoped>
02.   .page {
03.     height: 100vh;
04.     width: 100vw;
05.     overflow-y: auto;
06.   }
07.
08.   .body {
09.     min-height: 100vh;
10.     width: 100%;
11.     background: #ffffff;
12.     overflow: hidden;
13.
14.     /* 省略其余代码 */
15.   }
16. </style>
```

名师解惑：当内容超出容器高度时，出现滚动条。

（3）运行效果

运行效果如图 3-4 所示。

图 3-4　用户基本资料区域运行效果

2．实现用户基本资料区域效果

（1）代码实现

为了使静态页面效果更加贴近设计图效果，在静态页面制作部分，先使用 Vue 模拟一些静态数据并填充到页面中，这有助于快速识别和修复代码错误，缩短开发周期，在后面功能实现部分的任务中，再通过后端接口获取真实数据，替换静态数据。关键代码如下。

实现头像高度自适应

文件路径：/pages/my/material/material.vue

Template 部分

```
<template>
01.    <view class="page">
02.      <view class="body">
03.        <!-- 用户基本资料区域 -->
04.        <view class="header-box">
05.        <!-- 省略其余代码 -->
06.          <!-- 头像部分 -->
07.          <view class="header">
08.            <image
  class="avatar-image" :src="userAvatar"
  mode="aspectFill"></image>
09.            <image mode="widthFix"
  class="changeHeaderImg"
  src="/static/images/change_header.png" />
10.          </view>
11.          <!-- 昵称部分 -->
12.          <view class="userName">
13.            <view v-if="inputState=='userName'" style="height: 100%;">
14.              <input auto-focus="true" type="text"
  v-model.trim="editDataObj.userName"
  class="userNameInput" @blur="hideState" />
15.            </view>
16.            <view v-else class="userNameShow">
17.              <text>{{ editDataObj.userName }}</text>
18.              <uni-icons custom-prefix="iconfont"
  type="icon-edit" color="#fff" size="28rpx"
  @click="showInput('userName')"></uni-icons>
19.            </view>
20.          </view>
21.          <!-- 省略其余代码 -->
22.        </view>
23.      </view>
24.    </view>
25. </template>
```

名师解惑：在 mode 属性为 aspectFill 时，保持纵横比来缩放图片，保证图片的短边能完全显示出来，即图片只在水平和垂直方向中较短的一边是完整显示的，另一个方向将会发生截取；在 mode 属性为 widthFix 时，图片宽度完全显示，高度自动变化，但会保持原图宽高比不变。

两张图片 mode 属性值不同是因为设计要求不同。严格遵循任务需求是软件开发过程中的一个关键原则，开发者应以高效的沟通和良好的协作来提高产品的开发效率与质量。

名师解惑：使用 v-if、v-else 条件选择指令实现编辑状态的切换。

JavaScript 部分

```
01. <script>
02.     export default {
03.         onReady() {
04.             /* 省略其余代码 */
05.         },
06.         data() {
07.             return {
08.                 titleBarHeight: 0,
09.                 statusBarHeight: 0,
10.                 topPadding: 0,
11.                 // 用户对象
12.                 userObj: {
13.                     id: "0001"
14.                 },
15.                 pickerIndex: 0, // 默认选中项
16.                 // 编辑状态
17.                 inputState: '',
18.                 // 修改的数据
19.                 editDataObj: {
20.                     // 修改的头像
21.                     userAvatar: "/static/images/loginAvatar.png",
22.                     // 修改的昵称
23.                     userName: "启嘉网",
24.                     // 修改的个性签名
25.                     userSignature: "www.change.tm",
26.                 },
27.                 // 初始数据
28.                 initDataObj: {
29.                     // 修改的头像
30.                     userAvatar: "/static/images/loginAvatar.png",
31.                     // 修改的昵称
32.                     userName: "启嘉网",
33.                     // 修改的个性签名
34.                     userSignature: "www.change.tm",
35.                 },
36.             };
37.         },
38.         computed: {
39.         userAvatar() {
40.             return this.editDataObj.userAvatar ?
41.                 this.editDataObj.userAvatar :
42.                 '/static/images/defaultAvatar.jpg'
43.             }
44.         },
45.         methods: {
```

名师解惑： 当用户编辑信息时，将修改数据和初始数据进行比对，判断内容是否发生变化。

名师解惑： userAvatar 是一个计算属性，作用是在此处进行三元运算，使 template 结构更清晰。技术知识掌握程度越高，实践经验越丰富，解决问题越高效。

```
46.         // 返回上一页
47.         handleBack() {
48.             uni.navigateBack()
49.         },
50.         // 显示
51.         showInput(type) {
52.             this.inputState = type;
53.         },
54.         // 隐藏
55.         hideState() {
56.             this.inputState = "";
57.         },
58.     },
59. };
```

名师解惑： 此处使用 uni.navigateBack()方法返回上级页面，通常配合 uni.navigateTo()方法使用。

名师解惑： 各个控件展示状态和输入状态的切换。

（2）运行效果

运行效果如图 3-5 所示。

图 3-5　用户基本资料区域运行效果

3.5.3　制作用户扩展资料区域

1. 搭建用户扩展资料区域结构

（1）设计图分析

用户扩展资料区域可划分为用户 ID、用户性别、用户手机号、用户微信号及“保存”按钮五个部分，每个部分独占一行且宽度相同，并且与左右两边有固定的间距，如图 3-6 所示。

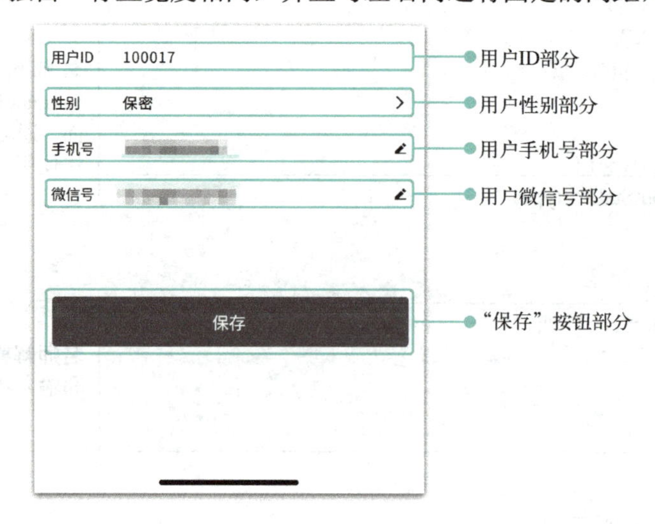

图 3-6　用户扩展资料区域结构分析

（2）代码实现

使用 view 组件搭建用户扩展资料区域结构，关键代码如下。

文件路径：/pages/my/material/material.vue

Template 部分

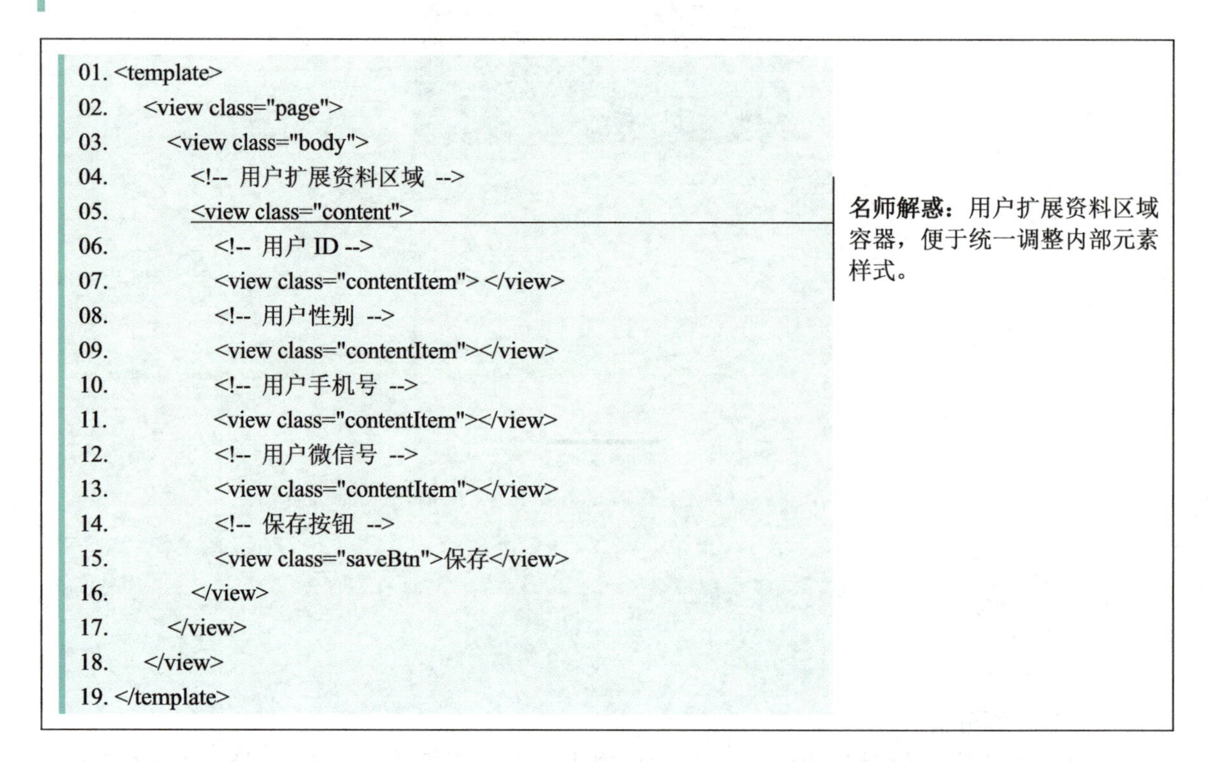

```
01. <template>
02.     <view class="page">
03.         <view class="body">
04.             <!-- 用户扩展资料区域 -->
05.             <view class="content">
06.                 <!-- 用户 ID -->
07.                 <view class="contentItem"> </view>
08.                 <!-- 用户性别 -->
09.                 <view class="contentItem"></view>
10.                 <!-- 用户手机号 -->
11.                 <view class="contentItem"></view>
12.                 <!-- 用户微信号 -->
13.                 <view class="contentItem"></view>
14.                 <!-- 保存按钮 -->
15.                 <view class="saveBtn">保存</view>
16.             </view>
17.         </view>
18.     </view>
19. </template>
```

名师解惑：用户扩展资料区域容器，便于统一调整内部元素样式。

CSS 部分

```
01. <style lang="scss" scoped>
02. /* 省略其余代码 */
03.     .body {
04.         min-height: 100vh;
05.         width: 100%;
06.         background: #ffffff;
07.         overflow: hidden;
08.
09.         // 用户扩展资料区域
10.         .content {
11.             padding: 96rpx 32rpx 0rpx;
12.     /* 省略其余代码 */
13.         }
14.     }
15. </style>
```

名师解惑：使用 padding 属性调整左、右两边内间距为 32rpx。

2. 实现用户扩展资料区域效果

（1）设计图分析

用户 ID 部分由标题和内容两栏组成；用户性别、手机号和微信号部分由标题、内容及图标三栏组成；“保存”按钮为一个矩形区域，文字居中显示，如图 3-7 所示。

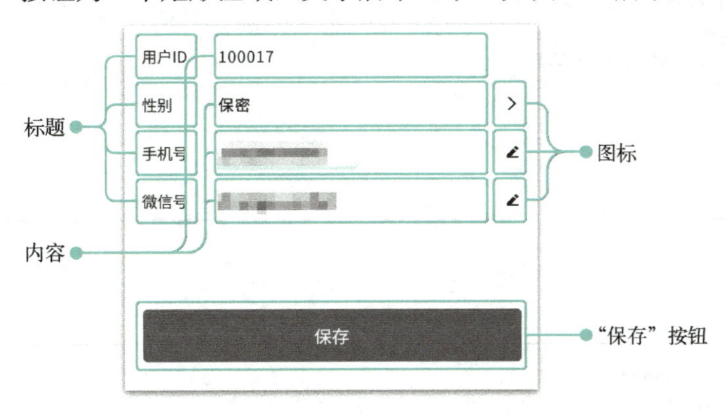

图 3-7　用户扩展资料区域结构细分

（2）代码实现

用户 ID 是注册时系统自动生成的用户唯一标识，不支持修改；用户性别有保密、男、女三个选项，可以使用 uni-app 中的 picker 组件进行切换；单击用户手机号或微信号部分的编辑图标时，文本内容栏切换为文本输入框，编辑图标隐藏。

在保存个人资料时，用户编辑的内容须符合以下验证规则：手机号和微信号非必填，允许为空，内容不为空时需要验证是否符合手机号和微信号的验证规则；昵称不允许为空，长度最大为 8 位；个性签名允许为空，长度最大为 60 位。内容验证是指通过 JavaScript 进行正则表达式匹配，关键代码如下。

文件路径：/pages/my/material/material.vue

Template 部分

```
01. <template>
02.     <view class="page">
03.         <view class="body">
04.             <!-- 省略其余代码 -->
05.             <!-- 用户扩展资料区域 -->
06.             <view class="content">
07.                 <!-- 省略其余代码 -->
08.                 <!-- 用户性别 -->
09.                 <view class="contentItem">
10.                     <view class="contentItemLeft">性别</view>
11.                     <picker class="picker-container"
    @change="upSelectSexConfirm" :value="pickerIndex" :range="sexList">
12.                         <view class="picker-content">
13.                             <text>{{sexList[editDataObj.userSex]}}</text>
14.                             <view class="icon-container">
15.                                 <uni-icons class="icon-right"
    custom-prefix="iconfont" type="icon-back"
    color="#545454" size="28rpx">
16.                                 </uni-icons>
17.                             </view>
18.                         </view>
19.                     </picker>
20.                 </view>
21.                 <!-- 省略其余代码 -->
22.             </view>
23.         </view>
24.     </view>
25. </template>
```

名师解惑： text 用来展示弹出式列表选择器选中的结果，使用 text 组件存放文本内容更加语义化。使用语义化标签可以增加代码的可读性，而可读性良好的代码则更容易被理解和维护。

CSS 部分

```
01. <style lang="scss" scoped>
02.     /* 省略其余代码 */
03.     .body {
04.         /* 省略其余代码 */
05.         // 用户扩展资料区域
06.         .content {
07.             padding: 40rpx 32rpx 0rpx;
08.             box-sizing: border-box;
09.             $-height: 88rpx;
10.             .contentItem {
11.                 width: 100%;
12.                 height: $-height;
13.                 display: flex;
14.                 align-items: center;
```

名师解惑： 设置变量统一修改控件部分的高度；此处各控件的间距不使用外边距，而直接采用设置高度的方式来实现，原因是此方式可增大控件中图标的单击区域。

```
15.            /* 省略其余代码 */
16.            .icon-container {
17.               padding: 0px 16rpx;
18.               height: $-height;
19.               line-height: $-height;
20.
21.               .icon-right {
22.                  display: inline-block;
23.                  transform: rotateZ(180deg);
24.               }
25.            }
26.            /* 省略其余代码 */
27.         }
28.         /* 省略其余代码 */
29.      }
30.   }
31. </style>
```

名师解惑：此处图标需要进行翻转，但内联元素无法实现翻转，需要将其转换为内联块元素。深厚的知识积淀、充分的实践积累，方能灵活运用知识。

JavaScript 部分

```
01. <script>
02.    // 11 位手机号码正则验证
03.    let reg_tel =
   /^1(3[0-9]|4[01456879]|5[0-35-9]|6[2567]|7[0-8]|8[0-9]|9[0-
   35-9])\d{8}$/;
04.    let reg_wx = /^[a-zA-Z][a-zA-Z\d_-]{5,19}$/;
05.    export default {
06.       onReady() {
07.          /* 省略其余代码 */
08.       },
09.       data() {
10.          return {
11.             /* 省略其余代码 */
12.             // 用户对象
13.             userObj: {
14.                id: "0001"
15.             },
16.             pickerIndex: 0,                    // 默认选中项
17.             sexList: ["男","女","保密"],        // 性别选择列表
18.             inputState: '',                    // 编辑状态
19.             // 修改用户数据
20.             editDataObj: {
21.                /* 省略其余代码*/
22.                userPhone: "",                  // 用户手机号
23.                userWx: "",                     // 用户微信号
24.                userSex: 0,                     // 用户性别
25.             },
26.             // 初始用户数据
27.             initDataObj: {
```

```
28.            /* 省略其余代码*/
29.            userPhone: "",                    // 用户手机号
30.            userWx: "",                       // 用户微信号
31.            userSex: 0,                       // 用户性别
32.         },
33.      };
34.   },
35.   computed: {
36.      /* 省略其余代码*/
37.   },
38.   methods: {
39.      // 返回上一页
40.      handleBack() {
41.         uni.navigateBack()
42.      },
43.      // 选择性别确认
44.      upSelectSexConfirm(event) {
45.         const {value} = event.detail;
46.         this.editDataObj.userSex = value;
47.      },
48.      /* 省略其余代码*/
49.      // 保存
50.      async submitMaterial() {
51.         let initDataObj = Object.values(this.initDataObj);
52.         let editDataObj = Object.values(this.editDataObj);
53.         let isChange = false;
54.         for (let text = 0; text < initDataObj.length; text++) {
55.            if (initDataObj[text] != editDataObj[text]) {
56.               isChange = true;
57.               break;
58.            }
59.         }
60.         if (!isChange) {
61.            return;
62.         }
63.         if (!reg_tel.test(this.editDataObj.userPhone) &&
this.editDataObj.userPhone != '') {
64.            uni.showToast({
65.               title: "请正确输入你的手机号",
66.               icon: "none",
67.            });
68.            return;
69.         }
70. /* 省略其余代码 */
71.         uni.showToast({
72.            title: "保存成功",
73.            icon: "none",
74.         });
75.      }
76.   },
```

名师解惑： event参数接收弹出式列表选择器对象。

名师解惑： 循环所有控件，对初始数据和修改数据进行比对。

名师解惑： 如果手机号不为空但不符合验证规则，则要进行信息提示。其他控件均采用类似方式进行验证。作为开发者，只有始终坚持以用户为中心，才能不断优化代码功能，持续满足用户需求，提升用户满意度。

```
77.     };
78. </script>
```

（3）运行效果

运行效果如图 3-8 所示。

图 3-8　用户扩展资料区域运行效果

3.6 任务测试

任务测试见表 3-5。

表 3-5　任务测试

测试条目	是否通过
比对开发页面和设计图，核对字号、颜色、间距等设计参数	
实现个人中心页和个人资料页之间的跳转	
手机号和微信号处于修改状态时，编辑图标隐藏；修改完成后，光标失去焦点，编辑图标显示	
保存信息时，输入内容符合验证规则，提示保存成功并返回到个人中心页；不符合验证规则，做出相应错误提示	

3.7 学习自评

学习自评见表 3-6。

表 3-6 学习自评

评价内容	了解/掌握
是否掌握 picker 组件的使用	
是否了解 uni-app 的 input 组件的使用	
是否掌握 uni-app 的 image 组件的使用	
是否掌握消息提示方法 uni.showToast 的使用	
是否掌握 uni-app 页面跳转方法的使用	
是否掌握正则表达式的使用	

3.8 课后练习

1. 选择题

（1）在 uni-app 中，以下哪个组件可以用于创建弹出式列表选择器？（　　）

A．picker

B．select

C．dropdown

D．autocomplete

（2）在 uni-app 中，以下哪种方法可以用于保留当前页面并跳转到应用内的其他页面？（　　）

A．uni.navigateTo()

B．uni.navigateBack()

C．uni.redirectTo()

D．uni.switchTab()

（3）在 uni-app 中，以下哪个方法可以用于监听输入框的输入事件？（　　）

A．@input

B．@change

C．@focus

D．@blur

2. 填空题

（1）uni-app 中的单行输入框组件名称为________。

（2）在 uni-app 中，关闭当前页面，返回上一页面或多级页面的方法为________。

3. 简答题

简述 uni-app 中如何进行页面的路由跳转。

3.9 任务拓展

“实践出真知”，娴熟的技能是练出来的，开发者只有不断实践，才能举一反三，提升解决问题的灵活性和创造力。

下面根据设计图，完成个人中心页下“账号认证”二级页面的制作，如图 3-9 所示。

- 在个人中心页中单击“账号认证”按钮可跳转至“账号认证”页。
- 学校与系别可以联动选择。
- 姓名只允许为中文，长度最大为 4 位。
- 学号只允许为数字。
- 单击“认证”按钮时，对输入内容进行校验，不符合上述规则就进行相应信息提示，符合上述规则就表示认证成功，返回上级页面。

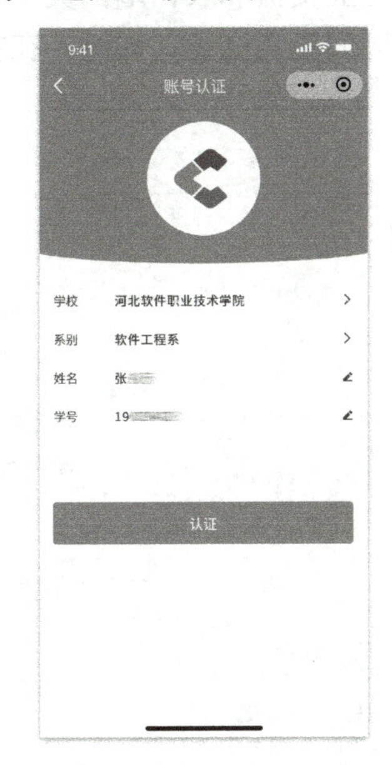

图 3-9　“账号认证”页效果图

任务 4 制作社区首页

4.1 任务描述

持续发展的数字技术和日渐普遍的网络应用使人们的生活更加便捷、高效。“启嘉校园”的社区模块是面向校园的交流平台，为高校在校生及毕业生提供沟通渠道，比如深受广大学生喜爱的表白墙和专业交流，丰富学生在校期间的课余生活，并通过专业分享和交流提高学习效率。

本任务将制作“启嘉校园”项目的社区首页，社区首页主要展示用户发布的文章列表，文章列表分为综合推荐、我的关注、专业交流和表白墙四类。用户可以在社区首页搜索文章，也可以按类别以及文章的热度、发布时间查看文章。同时，在社区首页底部还有返回顶部和快捷发布按钮。

4.2 任务效果

任务效果如图 4-1 所示。

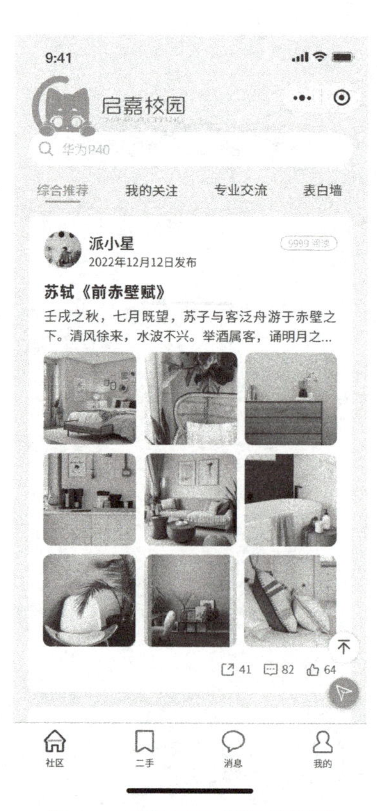

图 4-1 “社区”首页效果图

4.3 学习目标

素养目标

- 通过采用组件化的方式制作搜索、选项卡、文章卡片和悬浮按钮，培养学习者可持续性、高质量化的开发意识。
- 通过封装文章卡片组件，培养学习者注重细节、品质至上的工作态度。
- 通过制作“社区”首页，提升学习者共创美好交流社区、营造良好网络环境的意识。

知识目标

- 了解 uni-app 的组件化开发。
- 了解/deep/（深度作用选择器）的用法。
- 掌握 uni-app 的输入框增强组件 easyinput 的使用。
- 掌握小程序页面转发方法 onShareAppMessage 的使用。
- 掌握预览图片方法 uni.previewImage 的使用。
- 掌握上传图片方法 uni.chooseImage 的使用。
- 掌握获取图片信息方法 uni.getImageInfo 的使用。
- 掌握 uni-app 的可拖动区域组件 movable-area 的使用。

能力目标

- 能够根据组件化思想完成组件封装。
- 能够使用 easyinput 组件制作搜索输入框。
- 能够使用 onShareAppMessage 方法实现页面转发。
- 能够使用图片处理方法实现图片的上传和预览。
- 能够使用 movable-area 组件实现元素的拖动。

4.4 知识储备

uni-app 基础知识 05 之组件概述

4.4.1 uni-app 的组件化开发

1. 什么是组件化开发

组件化开发是一种将软件系统划分为多个独立模块并按照功能组合起来的开发方式。每个模块都可以独立开发、测试、部署，同时也可以被其他模块调用和重用。组件化开发可以提高代码的可复用性和可维护性，同时也能提高开发效率和协作效率。

在 uni-app 中，组件化开发的思想是将一个页面划分为多个组件，每个组件都有自己的生命周期、数据和方法，同时也可以被其他组件调用和重用。通过将页面拆分为多个组件，达到提高代码复用性、降低耦合度、提高可维护性、提高开发效率和协作效率的目的。

2. uni-app 组件化开发的好处

uni-app 是一种跨平台的开发框架，它支持将一个组件同时应用于多个平台（如微信小程序、H5、Android、iOS 等），这样可以大大提高开发效率和用户体验。使用 uni-app 进行组件化开发，有以下几个好处。

- 提高代码复用性：组件化开发可以避免重复编写相似的代码，提高代码复用性。
- 提高开发效率：组件化开发可以大大提高开发效率，减少代码冗余和重复劳动。
- 提高协作效率：组件化开发可以提高协作效率，不同开发人员可以同时开发不同的组件，不会相互影响，提高开发效率。
- 提高用户体验：uni-app 支持将一个组件同时应用于多个平台，这样可以大大提高用户体验，用户可以在不同的平台上享受到相似的功能和体验。

3. 组件化开发的应用场景

uni-app 组件化开发可以应用于各种类型的应用程序开发，如社交、电商、新闻、音乐、游戏等。以下是一些具体的应用场景。

- 社交应用：可以将头像、聊天框、消息提醒、分享功能等封装成独立的组件，供其他开发人员调用和重用。
- 电商应用：可以将商品列表、购物车、订单确认、支付功能等封装成独立的组件，供其他开发人员调用和重用。

4. 组件化开发应用

下面用一个例子演示 uni-app 组件化开发，例子中包括一个计数器组件和一个页面组件。计数器组件允许用户递增或递减计数器的值；页面组件使用计数器组件并在用户单击按钮时将计数器的值发送到服务器。

（1）计数器组件 Counter 示例

```
01. <template>
02.     <view class="counter">
03.         <button class="btn" @click="decrement">-</button>
04.         <view class="value">{{ count }}</view>
05.         <button class="btn" @click="increment">+</button>
06.     </view>
07. </template>
08. <script>
09.     export default {
10.         data() {
11.             return {
12.                 count: 0
13.             }
14.         },
15.         methods: {
16.             increment() {
17.                 this.count++
```

```
18.             this.$emit('change', this.count)
19.         },
20.         decrement() {
21.             this.count--
22.             this.$emit('change', this.count)
23.         }
24.     }
25. }
26. </script>
27. <style scoped>
28.     .counter {
29.         display: flex;
30.         align-items: center;
31.         justify-content: center;
32.     }
33.     .btn {
34.         padding: 10px;
35.         font-size: 16px;
36.         color: #fff;
37.         background-color: #007aff;
38.         border: none;
39.         border-radius: 5px;
40.         margin: 0 10px;
41.     }
42.     .value {
43.         font-size: 24px;
44.         font-weight: bold;
45.     }
46. </style>
```

（2）页面组件 MyPage 示例

```
01. <template>
02.     <view class="page">
03.         <counter  @change="updateCounter"></counter>
04.         <button class="submit-btn" @click="sendData">发送</button>
05.     </view>
06. </template>
07. <script>
08.     import Counter from '@/components/Counter.vue'
09.
10.     export default {
11.         components: {
12.             Counter
13.         },
14.         data() {
15.             return {
16.                 counterValue: 0
17.             }
18.         },
```

```
19.         methods: {
20.             updateCounter(value) {
21.                 this.counterValue = value
22.             },
23.             sendData() {
24.                 // 向服务器发送数据
25.                 console.log(this.counterValue)
26.             }
27.         }
28.     }
29. </script>
30. <style scoped>
31.     .page {
32.         display: flex;
33.         flex-direction: column;
34.         align-items: center;
35.         justify-content: center;
36.     }
37.     .submit-btn {
38.         padding: 10px;
39.         font-size: 16px;
40.         color: #fff;
41.         background-color: #007aff;
42.         border: none;
43.         border-radius: 5px;
44.         margin-top: 20px;
45.     }
46. </style>
```

在计数器组件 Counter 中，<template>部分包括一个视图容器，其中包括递增和递减按钮以及计数器的值。按钮使用@click 指令将 increment 和 decrement 方法绑定到单击事件上。计数器的值使用{{count}}模板语法来显示，其中 count 是组件的数据属性。计数器的值变化时使用$emit 方法触发 change 事件，并将计数器的值作为参数传递给父组件。

（3）easycom 组件自动注册方式

传统 Vue 中组件的使用包括安装（创建）、注册、使用三个步骤。从上述例子中可以看出，组件要在页面中使用，需要先对组件进行引入，然后将组件的名称注册到 components 中。

easycom 是 uni-app 中的一种组件注册方式，它可以在使用组件时不需要显式地导入和注册组件，而是通过 easycom 自动化机制，自动完成组件的注册，这样做可以让开发者更加专注业务逻辑的实现，减少组件注册的工作量。

使用 easycom 需要下列两个步骤。

首先，在 pages.json 或 components.json 中声明组件的名称和路径，以便系统能够在编译时正确地解析组件。例如：

```
01."easycom": {
02.    "custom": {
03.        "^my-(.*)": "@/components/my/$1.vue"
04.    }
05.}
```

这里声明了一个以“my-”开头的组件，路径是/components/my/。

其次，在组件的 Vue 文件中，将 name 属性设置为“/组件名”，例如：

```
01. <template>
02.     <view class="my-component">
03.         <!-- 组件内容 -->
04.     </view>
05. </template>
06. <script>
07. export default {
08.     name: 'my-component',
09.     // 组件逻辑
10. }
11. </script>
12. <style scoped>
13. /* 组件样式 */
14. </style>
```

在组件 Vue 文件中，将组件的 name 属性设置为“组件名”，这样系统就可以自动识别组件并进行注册。在应用程序中使用该组件时，只需要在模板中使用组件名称，无须显式导入和注册组件。

总之，easycom 可以简化 uni-app 中组件的注册流程，提高开发效率。但是，如果组件数量过多，那么 easycom 会增加应用程序的启动时间。因此，如果组件数量较少，那么手动注册组件仍然是一个较好的选择。相比传统 Vue 组件的使用流程，采用 easycom 组件模式，可使开发更简洁、高效。

4.4.2　uni-easyinput 组件

uni-easyinput 组件是基于 uni-app 框架开发的一款输入框组件，其目的是为开发者提供一个更加易用、灵活、高效的输入框组件。相比原生的输入框组件，uni-easyinput 组件提供了更加丰富的功能，同时也具有更高的可定制性。

uni-easyinput 组件主要包括以下功能。

- 输入内容校验：支持设置输入内容的校验规则，如手机号码、身份证号码、邮箱地址等。
- 输入内容清除：支持一键清除输入内容，方便用户操作。
- 密码可见性切换：支持密码可见性切换，用户可以方便地查看或隐藏输入框中的密码内容。
- 输入框焦点控制：支持获取或失去输入框焦点，方便控制输入框的聚焦状态。
- 高度自适应：支持根据输入内容高度自适应输入框的高度，提升用户的输入体验。
- 支持 v-model 双向绑定：支持使用 v-model 进行双向数据绑定，方便实现输入框内容的读写操作。

下面介绍 uni-easyinput 组件的几种常见用法。

1．输入框带左、右图标

设置 prefixIcon 属性显示输入框的头部图标，设置 suffixIcon 属性显示输入框的尾部图标。

注意，图标当前只支持 uni-icons 内置的图标，当配置 suffixIcon 属性后，会覆盖 clearable="true"和 type="password"时的原有图标。

绑定@iconClick 事件可以触发对图标的单击事件，返回 prefix 表示单击左侧图标，返回 suffix 表示单击右侧图标。

```
01. <!-- 输入框头部图标 -->
02. <uni-easyinput prefixIcon="search" v-model="value" placeholder="请输入内容"
    @iconClick="onClick"></uni-easyinput>
03. <!-- 展示输入框尾部图标 -->
04. <uni-easyinput suffixIcon="search" v-model="value" placeholder="请输入内容"
    @iconClick="onClick"></uni-easyinput>
```

2. 输入框禁用

设置 disable 属性可以禁用输入框，此时输入框不可编辑。

```
01. <uni-easyinput disabled v-model="value" placeholder="请输入内容"></uni-easyinput>
```

3. 密码框

在设置 type="password"时，输入框内容将会不可见，由实心点代替，同时输入框尾部会显示眼睛图标，单击可切换内容显示状态。

```
01. <uni-easyinput type="password" v-model="password" placeholder="请输入密码"></uni-easyinput>
```

4. 输入框聚焦

设置 focus 属性可以使输入框聚焦。如果页面存在多个设置 focus 属性的输入框，那么只有最后一个输入框的 focus 属性会生效。

```
01. <uni-easyinput focus v-model="password" placeholder="请输入内容"></uni-easyinput>
```

5. 多行文本

在设置 type="textarea"时，可输入多行文本。

```
01. <uni-easyinput type="textarea" v-model="value" placeholder="请输入内容"></uni-easyinput>
```

6. 多行文本自动高度

在设置 type="textarea"且设置 autoHeight 属性时，可使用多行文本的自动高度功能，即会跟随内容调整输入框的显示高度。

```
01. <uni-easyinput type="textarea" autoHeight v-model="value" placeholder="请输入内容"></uni-easyinput>
```

7. 取消边框

在设置 inputBorder="false"时，可取消输入框的边框显示，同时搭配 uni-forms 中的 border="true"，有较好的效果。

```
01. <uni-forms border>
```

```
02.     <uni-forms-item label="姓名">
03.         <uni-easyinput :inputBorder="false" placeholder="请输入姓名"></uni-easyinput>
04.     </uni-forms-item>
05.     <uni-forms-item label="年龄">
06.         <uni-easyinput :inputBorder="false" placeholder="请输入年龄"></uni-easyinput>
07.     </uni-forms-item>
08. </uni-forms>
```

4.4.3 uni-app 页面转发

在 uni-app 中，实现页面转发功能的方式有两种：一种是使用 uni.share 方法，另一种是使用 onShareAppMessage 生命周期函数。

1. 使用 uni.share 方法实现页面转发

uni.share 方法用于唤起系统原生的分享面板，用户可以选择将当前页面分享给朋友、群组或社交媒体平台。该方法需要传入一个配置对象，包含了分享的标题、内容、链接等信息。

```
01. uni.share({
02.     provider: 'weixin',
03.     type: 0,
04.     title: '分享标题',
05.     summary: '分享描述',
06.     href: 'https://www.example.com/share',
07.     imageUrl: 'https://www.example.com/share-image.jpg',
08.     success: function () {
09.         console.log('分享成功')
10.     },
11.     fail: function (err) {
12.         console.log('分享失败', err)
13.     }
14. })
```

在上面的代码中，provider 指定了分享的平台，这里选择了微信平台；type 指定了分享的类型，0 表示分享网页；title 和 summary 分别是分享的标题与描述；href 是分享的链接；imageUrl 是分享的封面图片；success 和 fail 分别是分享成功与失败时的回调函数。

需要注意的是，uni.share 方法只能在 App 中使用，其他平台需要使用平台提供的分享 API 来实现。此外，在某些平台中，分享功能可能需要授权，需要在代码中添加相应的授权逻辑。

2. 使用 onShareAppMessage 生命周期函数实现页面转发

onShareAppMessage 生命周期函数会在用户单击右上角转发按钮后被调用，可以在函数内部返回一个分享信息对象，系统会将该对象作为分享的内容传递给系统原生的分享面板。

```
01. export default {
02.     name: 'MyPage',
03.     onShareAppMessage: function () {
```

```
04.        return {
05.            title: '分享标题',
06.            path: '/pages/index/index',
07.            imageUrl: 'https://www.example.com/share-image.jpg'
08.        }
09.    }
10. }
```

在上面代码的 MyPage 组件中定义了 onShareAppMessage 生命周期函数。该函数返回了一个分享信息对象，包含了分享的标题、页面路径和封面图片。

需要注意的是，onShareAppMessage 生命周期函数也只能在微信小程序中使用，其他平台需要使用平台提供的分享 API 来实现。此外，在某些平台中，分享功能可能需要授权，需要在代码中添加相应的授权逻辑。

4.4.4 uni-app 图片处理

在 uni-app 中，除使用 canvas 组件进行图片处理以外，还可以使用 uni.getImageInfo、uni.chooseImage、uni.previewImage、uni.saveImageToPhotosAlbum 等 API 对图片进行处理和展示。

uni-app 图片处理

1. 获取图片信息

使用 uni.getImageInfo 可以获取图片的信息，包括图片的宽度、高度、大小等，同时也可以获取图片的本地路径，方便在 canvas 组件中绘制图片。

```
01. uni.getImageInfo({
02.     src: 'https://img.yzcdn.cn/vant/cat.jpeg',
03.     success: (res) => {
04.         console.log(res.width); // 输出图片宽度
05.         console.log(res.height); // 输出图片高度
06.         console.log(res.path); // 输出图片本地路径
07.     },
08. });
```

2. 选择图片

使用 uni.chooseImage 可以打开系统相册，供用户选择需要上传的图片。可以通过 count 参数指定最多可以选择多少张图片，也可以通过 sizeType 参数指定选择图片的大小类型，包括原图、压缩图等。

```
01. uni.chooseImage({
02.     count: 1,
03.     sizeType: ['original', 'compressed'],
04.     success: (res) => {
05.         console.log(res.tempFilePaths[0]); // 输出选择的图片路径
06.     },
07. });
```

3. 预览图片

使用 uni.previewImage 可以预览一张或多张图片，支持手势缩放、双击放大等功能。可以通过 current 参数指定当前预览的图片的索引，也可以通过 urls 参数指定需要预览的图片数组。

```
01. uni.previewImage({
02.     current: 0,
03.     urls: ['https://img.yzcdn.cn/vant/cat.jpeg'],
04.     success: () => {
05.         console.log('预览成功');
06.     },
07. });
```

4. 保存图片到相册

使用 uni.saveImageToPhotosAlbum 可以将一张图片保存到手机相册中，用户可以在相册中查看保存的图片。需要注意的是，调用该 API 需要用户授权，需要在 manifest.json 文件中配置权限。

```
01. uni.downloadFile({
02.     url: 'https://img.yzcdn.cn/vant/cat.jpeg',
03.     success: (res) => {
04.         uni.saveImageToPhotosAlbum({
05.             filePath: res.tempFilePath,
06.             success: () => {
07.                 console.log('保存成功');
08.             },
09.             fail: () => {
10.                 console.log('保存失败');
11.             },
12.         });
13.     },
14. });
```

除上述 API 以外，uni-app 还提供了其他很多图片操作的 API 供开发者使用，如 uni.compressImage、uni.getImageInfoSync、uni.chooseMessageFile 等方法。

5. 图片上传

在 uni-app 中，使用 uni.uploadFile 方法将图片上传到服务器，需要指定 url、filePath、name 和 formData 等参数。其中，url 参数表示上传的目标 URL 路径，filePath 参数表示上传的本地文件路径，name 参数表示上传文件对应的名称，formData 参数表示附带的其他表单数据，参见下面的示例代码。

```
01. <template>
02.     <view>
03.         <image :src="imageUrl" mode="aspectFit"></image>
```

```
04.         <button @tap="chooseImage">选择图片</button>
05.         <button @tap="uploadImage" :disabled="!imageUrl">上传图片</button>
06.     </view>
07. </template>
08.
09. <script>
10. export default {
11.     data() {
12.         return {
13.             imageUrl: '',
14.             tempFilePath: ''
15.         }
16.     },
17.     methods: {
18.         // 选择图片
19.         chooseImage() {
20.             uni.chooseImage({
21.                 count: 1,
22.                 sizeType: ['compressed'],
23.                 sourceType: ['album', 'camera'],
24.                 success: (res) => {
25.                     this.imageUrl = res.tempFilePaths[0]
26.                     this.tempFilePath = res.tempFilePaths[0]
27.                 }
28.             })
29.         },
30.         // 上传图片
31.         uploadImage() {
32.             uni.uploadFile({
33.                 url: 'https://example.com/upload',
34.                 filePath: this.tempFilePath,
35.                 name: 'image',
36.                 formData: {
37.                     user: 'test'
38.                 },
39.                 success: (res) => {
40.                     uni.showToast({
41.                         title: '上传成功'
42.                     })
43.                 },
44.                 fail: (res) => {
45.                     uni.showToast({
46.                         title: '上传失败'
```

```
47.                 })
48.             }
49.         })
50.     }
51.  }
52. }
53. </script>
```

在上述示例中，定义了一个 imageUrl 变量来存储用户选择图片的路径，还定义了一个 tempFilePath 变量来存储实际上传文件的路径。在 chooseImage 方法中，使用 uni.chooseImage API 选择用户上传的图片，并将图片路径保存到 imageUrl 和 tempFilePath 中。

在 uploadImage 方法中，调用 uni.uploadFile API 将图片上传到服务器。在上传成功或失败时，使用 uni.showToast API 来提示用户。这里只是简单地弹出一个提示框，实际应用中可以根据需求做出相应的处理。

4.4.5　movable-area 组件

movable-area 是小程序中的一个可拖动区域组件，可以创建一个可移动视口，用于移动和缩放其他组件。其中，scale-area 属性是布尔类型的值，用于设置缩放手势生效区域是否为整个 movable-area。

```
06. <movable-area :scale-area="true" style="width:750rpx;height:750rpx;background-color: #eee;">
07.     <movable-view direction="all" :scale="true"
08. style="width:200rpx;height:200rpx;background-color: #0f0;"></movable-view>
09. </movable-area>
```

这个示例中，movable-area 组件为可拖动的范围，在其中内嵌 movable-view 组件用于指示可拖动的区域。将 movable-view 组件的 direction 属性设置为 all，表示其可向任意方向移动，scale 属性设置为 true，表示其支持双指缩放（默认缩放手势生效区域是在 movable-view 组件内）。

注意，movable-view 必须为 movable-area 组件的子组件，并且必须是直接子节点，否则其不能被移动。

任务 4 对应的完整知识储备见 https://book.change.tm/01/task4.html。

4.5　任务实施

4.5.1　页面结构分析与搭建

1. 新建页面文件

社区首页是社区模块的一级页面，可以通过单击页面底部标签栏中的“社区”进入。

在/pages/my 目录下新建名为“community”的 Vue 文件，在新建文件时勾选“创建同名目录”复选框，文件最终路径为“/pages/community/community.vue”。

2. 搭建社区首页结构

（1）设计图分析

根据社区首页中内容相关度进行页面结构划分，启嘉校园 logo 和搜索框合为一体，可划分为搜索区域；选项卡用于切换文章列表，可划分为选项卡区域；文章列表由一个个文章卡片组成，可划分为文章列表区域；返回顶部和快捷发布按钮置顶悬浮于页面右下角，可划分为悬浮按钮区域，如图 4-2 所示。

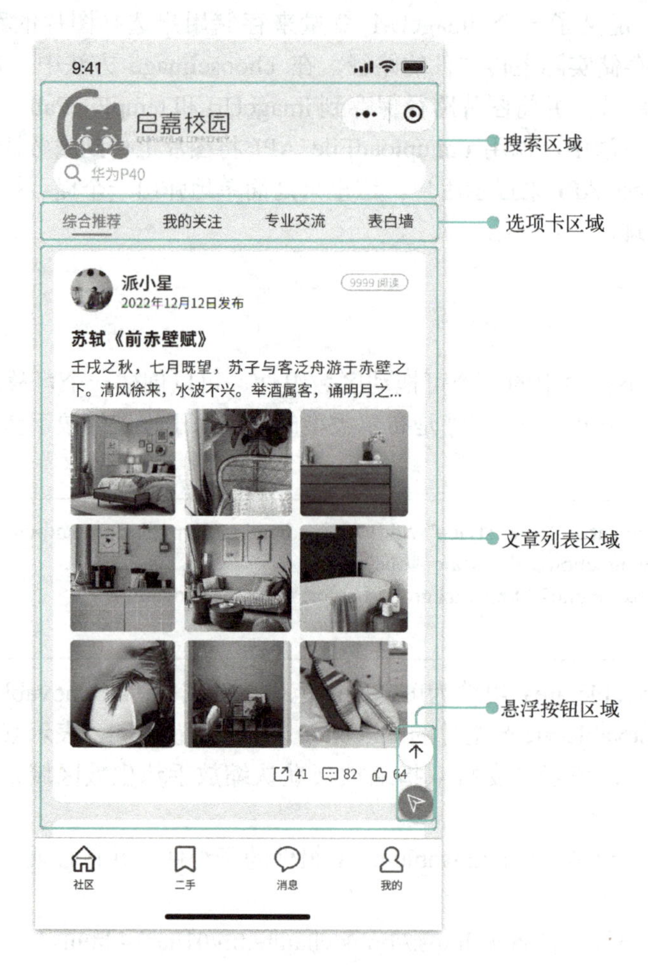

图 4-2　社区首页结构分析

（2）代码实现

纵观整个项目的设计图，可以发现搜索框、文章卡片和悬浮按钮在多处都会被使用，为了提高代码的复用率，使项目结构更加清晰，本任务将采用组件化的方式制作搜索框、选项卡、文章卡片和悬浮按钮。

为了能够直观地看出社区首页结构，先使用组件进行占位，各个组件的封装会在随后的子任务中完成。关键代码如下。

文件路径：/pages/community/community.vue

```
01. <template>
02.     <view class="community-page">
03.         <!-- 搜索组件区域 -->
04.         <page-head></page-head>
05.         <!-- 选项卡组件区域 -->
06.         <tabs-component :data="navList" :active="active"
    @change="handleNavChange"></tabs-component>
07.         <!-- 文章列表区域 -->
08.         <block v-for="(itemData,index) in data" :key="index">
09.             <!-- 可滚动区域 -->
10.             <scroll-view class="article-list-container"
    v-show="active == index" scroll-y :show-scrollbar="false"
11.                 :scroll-top='scrollTop' @scroll="handleScroll">
12.                 <view class="article-list-content">
13.                     <view v-for="item in
    itemData.data" :key="item.intactArticleId" class="article-list-item">
14.                         <article-block :data="item">
15.                         </article-block>
16.                     </view>
17.                     <view class="data-empty" v-if="itemData.data.length==0">
18.                         <view class="empty__image">
19.                             <image src="/static/empty.png"></image>
20.                         </view>
21.                         <text class="empty__description">暂无文章</text>
22.                     </view>
23.                 </view>
24.             </scroll-view>
25.         </block>
26.         <!-- 悬浮按钮组件区域 -->
27.         <suspension-button :isBackUp='isBackUp'
    @backup="handleBackUp"></suspension-button>
28.     </view>
29. </template>
```

名师解惑：采用 easycom 的方式，可直接使用组件，无须注册和引入，大大简化组件的使用和管理。作为开发人员，关注并持续学习新技术可以提高开发效率，提升职业竞争力。

名师解惑：文章列表由文章卡片组件组成，列表项较多，需要进行分页，因此使用 scroll-view 组件实现该区域滚动分页。

4.5.2 制作搜索区域

1．新建组件文件

封装 uni-app 组件

在项目根目录上右击，在弹出的快捷菜单中依次选择【新建】→【目录】，创建名为“components”的目录，此目录用于存放自定义组件。在/components 目录上右击，在弹出的快捷菜单中选择【新建组件】，在弹出的新建组件窗口中选择“使用 scss 的模板组件”，将文件命名为“page-head”，勾选“创建同名目录”复选框，然后创建文件，文件最终路径为“/components/ page-head/page-head.vue”，如图 4-3 所示。

2．封装搜索区域组件

（1）设计图分析

搜索区域由启嘉校园 logo 和搜索框两部分组成，如图 4-4 所示，其中 logo 为静态图片，可以通过 MasterGo 在线设计图导出。

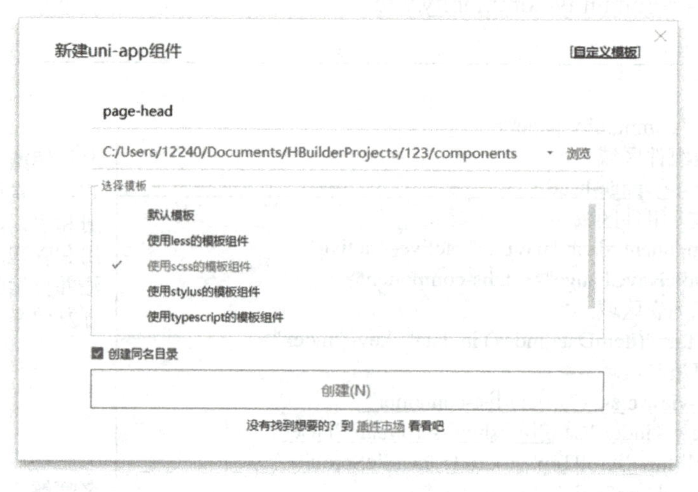

图 4-3 新建 uni-app 组件

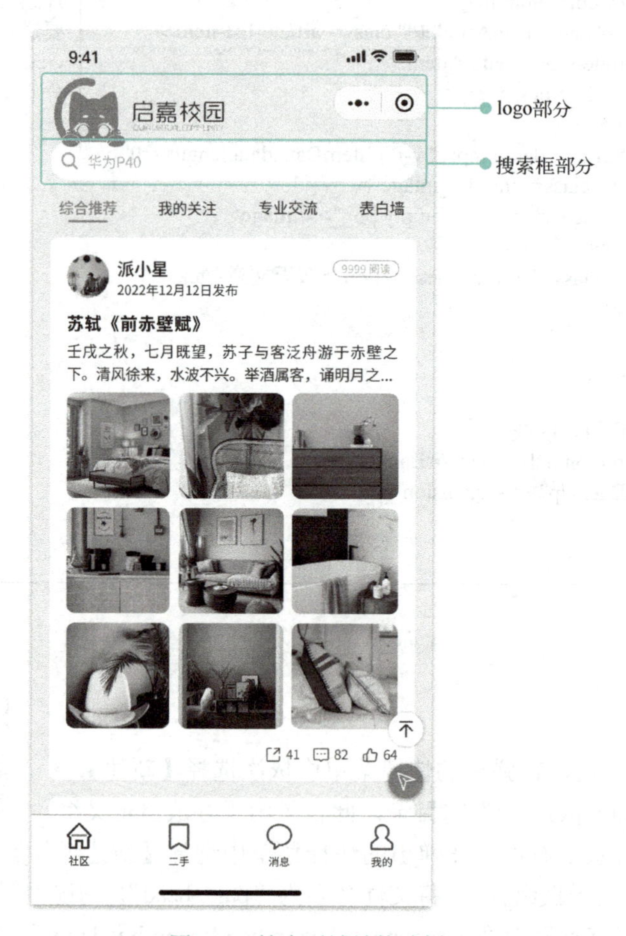

图 4-4 搜索区域结构分析

（2）代码实现

要实现带搜索图标的输入框，可以使用 uni-easyinput 输入框增强组件，该组件为扩展组件，需要安装后再使用。关键代码如下。

文件路径：/components/page-head/page-head.vue

Template 部分

```
01. <template>
02.     <view class="page-head">
03.         <!-- logo 部分 -->
04.         <view class="logo-contanier">
05.             <image src="/static/logo/logo.png"
    class='logo-image' lazy-load></image>
06.         </view>
07.         <!--  搜索框部分  -->
08.         <view class="search-container" @click="handleToSearchPage">
09.             <uni-easyinput prefixIcon="search" disabled
    disableColor="#fff" placeholder="请输入内容"></uni-easyinput>
10.         </view>
11.     </view>
12. </template>
```

名师解惑：使用 prefixIcon 属性为搜索框设置搜索图标；社区首页搜索框只作为搜索页面入口，不进行搜索操作，所以使用 disabled 将搜索框的搜索功能禁用。

CSS 部分

```
01. <style lang="scss" scoped>
02.     .page-head {
03.         padding: 0 32rpx;
04.         box-sizing: border-box;
05.         padding-top: var(--status-bar-height);
06.
07.         // logo 部分
08.         .logo-contanier {
09.             display: flex;
10.             align-items: center;
11.             z-index: 1;
12.             position: relative;
13.
14.             .logo-image {
15.                 float: left;
16.                 width: 310rpx;
17.                 height: 128rpx;
18.             }
19.
20.             .logo-text {
21.                 width: 180rpx;
22.                 height: 56rpx;
23.                 margin-left: 20px;
24.             }
25.         }
26.
```

名师解惑：--status-bar-height 是 uni-app 内置的 CSS 变量，可以获取设备状态栏高度，在小程序中为固定的 25px。使用 uni-app 内置的 CSS 变量可以提高产品适配性和可维护性。

```
27.        // 搜索框部分
28.        .search-container {
29.            margin-top: -10rpx;
30.
31.            z-index: 0;
32.            position: relative;
33.
34.            /deep/ .uni-easyinput__content {
35.                border-radius: 24rpx !important;
36.            }
37.        }
38.    }
39. </style>
```

名师解惑：需要将输入框增强组件的样式设置为圆角，但是由于 scoped 作用域的限制，导致在父组件中无法对子组件进行修改，因此需要使用 /deep/（深度作用选择器）实现。行业知识的掌握程度决定解决问题的灵活性，学习者要恒学勤思，提高技术水平，适应行业的快速发展。

JavaScript 部分

```
01. <script>
02.     export default {
03.         methods: {
04.             handleToSearchPage() {
05.                 // 跳转
06.             }
07.         }
08.     }
09. </script>
```

名师解惑：添加跳转方法，为跳转到搜索页做准备。

（3）运行效果

运行效果如图 4-5 所示。

图 4-5　搜索区域运行效果图

4.5.3　制作选项卡区域

1．新建组件文件

在/components 目录下新建组件文件，文件命名为“tabs-component”，勾选“创建同名目录”复选框，然后创建文件，文件最终路径为“/components/tabs-component/tabs-component.vue”。

2．封装选项卡组件

（1）代码实现

当选项卡切换时，文章列表也会进行相应更新，因此选项卡组件需要与社区首页进行数据传递，即父子组件通信，将选项卡切换信息传递给社区首页。为了给读者展现代码的演变过程，在本步骤中，先将需要传递的数据定义在选项卡组件中，在下一步骤中，再实现父子组件通信。

父子组件通信是前端开发中的一个核心概念，它有助于构建灵活、可维护和可扩展的应用程序。开发者可以通过正确使用父子组件通信，实现更高效的协同开发，从而使应用程序更好地满足用户需求。关键代码如下。

文件路径：/components/tabs-component/tabs-component.vue

Template 部分

```
01. <template>
02.     <!-- 选项卡 -->
03.     <scroll-view class="tabs-container" scroll-x>
04.         <view class="tabs-view">
05.             <view @click="hanldeClick(index)"
v-for="(item,index) in data" :key="index" class="tabs-item-container">
06.                 <view class="tabs-item-content">
07.                     <text class="tab-text" :class="[active ==
index ? 'active-text' : '']">
08.                         {{item.text?item.text:item}}
09.                     </text>
10.                     <view class="abs-border" :class="[active
== index ? 'active-border' : '']"></view>
11.                 </view>
12.             </view>
13.         </view>
14.     </scroll-view>
15. </template>
```

名师解惑：通过三元运算符设置当前被选中的选项卡样式。若为“当前”选项卡，其类名为“active-text”类，否则类名为空字符串，即不具有该类。

JavaScript 部分

```
01. <script>
02.     export default {
03.         data() => {
```

```
04.         return {
05.             data: ["综合推荐", "我的关注", "表白墙", "专业交流"],
06.             active: 0
07.         }
08.     },
09.     methods: {
10.         // 选项卡中活动子选项卡被选中
11.         hanldeClick(index) {
12.             this.active = index;
13.         }
14.     }
15. }
16. </script>
```

名师解惑：在选项卡组件中定义存储选项卡列表和选中项数据的属性。

（2）运行效果

运行效果如图 4-6 所示。

图 4-6　选项卡区域运行效果图

此时切换选项卡，数据变化全部发生在选项卡组件内部，社区首页无法接收选项卡切换的信息，下面通过父子组件通信将切换信息传递出去。

3．实现父子组件通信

实现父子组件通信，可以在选项卡组件内部声明 props，在社区首页通过选项卡组件的 props 属性传递选项卡列表和选中项数据，选项卡组件只负责接收和展示数据。切换选项卡的单击事件在选项卡组件内部触发，但是在组件内部无法修改 props 传递进来的数据，因此可以分别通过$on 和$emit 监听与触发事件，当单击选项卡时触发社区首页中监听选项卡切换的事件。关键代码如下。

文件路径：/components/tabs-component/tabs-component.vue

Template 部分

```
01. <template>
02.     <!-- 选项卡 -->
03.     <scroll-view class="tabs-container" scroll-x>
04.         <view class="tabs-view">
05.             <view @click="hanldeClick(index)" v-for="(item,index) in data" :key="index" class="tabs-item-container">
06.                 <view class="tabs-item-content">
07.                     <text class="tab-text" :class="[active == index ? 'active-text' : '']">
08.                         {{item.text?item.text:item}}
09.                     </text>
10.                     <view class="abs-border" :class="[active == index ? 'active-border' : '']"></view>
11.                 </view>
12.             </view>
13.         </view>
14.     </scroll-view>
15. </template>
```

JavaScript 部分

```
01. <script>
02.     export default {
03.         props: {
04.             // 选项卡列表
05.             data: {
06.                 type: Array,
07.                 default: () => {
08.                     return []
09.                 }
10.             },
11.             active: {
12.                 type: Number,
13.                 default: 0
14.             },
15.         },
16.         methods: {
17.             // 导航栏选择
18.             hanldeClick(index) {
19.                 this.$emit("change", index)
20.             }
21.         }
22.     }
23. </script>
```

名师解惑： data 数据源由父组件传递过来。

名师解惑： 使用$emit 触发父组件监听的 change 事件，选中项 index 作为参数传递给父组件。

在社区首页中定义选项卡列表和选中项数据，传递给选项卡组件。关键代码如下。

文件路径：/pages/community/community.vue

Template 部分

```
01. <template>
02.     <view class="contanier">
03.         <!-- 页头 -->
04.         <page-head></page-head>
05.         <!-- 选项卡 -->
06.         <tabs-component :data="navList" :active="active" @change="handleNavChange"></tabs-component>
07. 选项卡选中子选项卡的索引：{{active}}
08.     </view>
09. </template>
```

JavaScript 部分

```
01. <script>
02.     export default {
03.         data() {
04.             return {
05.                 // 当前选中项
06.                 active: 0,
07.                 // 社区选项卡列表
08.                 navList: ["综合推荐", "我的关注", "表白墙", "专业交流"]
09.             };
10.         },
11.         methods: {
12.             // 导航栏单击切换
13.             handleNavChange(index, bool = false) {
14.                 this.active = index;
15.             },
16.         },
17.     };
18. </script>
```

名师解惑：将选项卡列表数据声明在父组件中。

4.5.4 制作文章列表区域

1. 新建组件文件

在/components 目录下新建组件文件，文件命名为“article-block”，勾选“创建同名目录”复选框，然后创建文件，文件最终路径为“/components/article-block/article-block.vue”。

2. 封装文章卡片组件

（1）设计图分析

文章卡片组件按内容关联度可划分为文章发布信息、文章内容、图片列表和文章互动数据四个部分，如图 4-7 所示。其中，图片列表最多可展示 9 张图片，并且图片数量不同展示的效果也不相同；文章互动数据部分将展示转发、评论与点赞的次数，单击转发图标按钮后可实现转发功能。

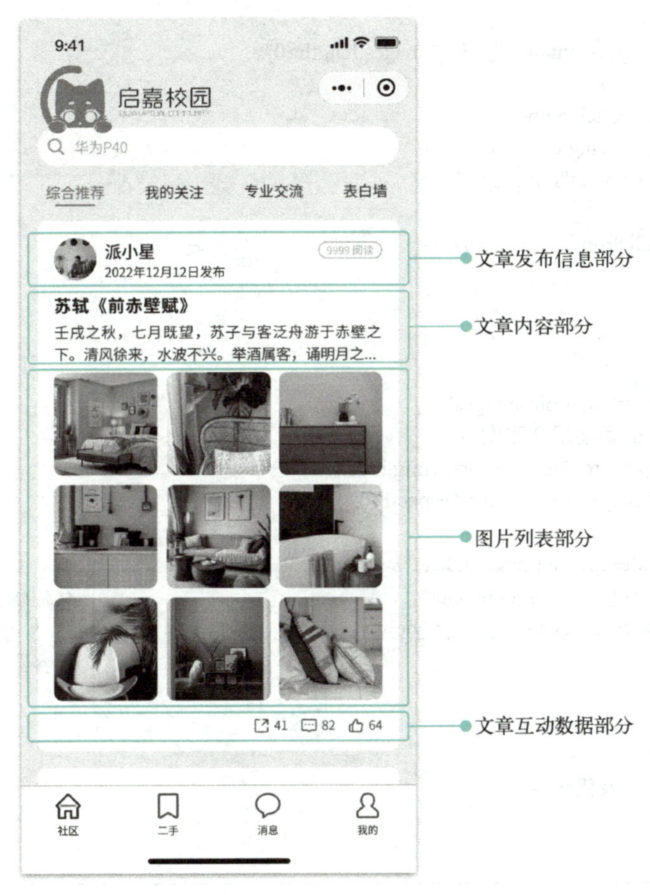

图 4-7　文章卡片组件结构分析

（2）代码实现

文章卡片组件中图片列表需要进行特殊处理，当图片数量为 1 时，图片宽度占包裹容器宽度的 100%；当图片数量大于 1 时，图片列表为九宫格布局，可以使用 Flex 布局实现。

文件路径：/components/article-block/article-block.vue

Template 部分

```
01. <template>
02. <view class="article-block-container"
```

```
    hover-class="article-block-container-hover"
    :hover-start-time="40"
03.   :hover-stay-time="260"
04.   @click="handleJumpDetails">
05.   <!-- 文章发布信息 -->
06.         <!-- 省略其余代码 -->
07.   <!-- 文章内容 -->
08.         <!-- 省略其余代码 -->
09.   <!-- 图片列表 -->
10.   <view class="images-container" v-if="images.length>0">
11.     <!-- 单图 -->
12.     <block v-if="images.length==1">
13.         <view class="single-images">
14.             <image :src="images[0]"
    mode="aspectFill"
    @click.stop="handlePreviewImage(0)" />
15.         </view>
16.     </block>
17.     <!-- 多图 -->
18.     <block v-else>
19.         <view class="multiple-images">
20.             <!-- 最多展示 9 张图 -->
21.             <image :src="img" v-for="(img,index) in
    images.slice(0,9)" :key="img" mode="aspectFill"
22.
    @click.stop="handlePreviewImage(index)" />
23.             <view class="img-container"
    v-if="[2,5,8].includes(images.length)"></view>
24.         </view>
25.     </block>
26.   </view>
27.   <!-- 文章互动数据 -->
28.         <!-- 省略其余代码 -->
29. </view>
30. </template>
```

名师解惑：在用户单击卡片时，被单击的卡片背景色会呈现为灰色状态。利用 hover-start-time 和 hover-stay-time 属性设置单击状态的延时时间，在跳转前给用户确认和反应的时间。

名师解惑：在图片数量为 2、5、8 的时候额外添加一个图片容器。

JavaScript 部分

```
01. <script>
02.   export default {
03.     name: "article-block",
04.     props: {
05.       data: {
06.         type: Object,
07.         default: () => {
08.             return null;
09.         }
10.       },
11.     },
```

```
12.    computed: {
13.      // 处理图片数据
14.      images() {
15.        let imageLink = this.data.image &&
  this.data.image.imageLink ? this.data.image.imageLink : '';
16.        return imageLink.split(';');
17.      },
18.    },
19.    methods: {
20.      // 预览图片
21.      handlePreviewImage(index) {
22.          uni.previewImage({
23.                urls: this.images,
24.                current: index,
25.          })
26.      },
27.      // 转发
28.    shareButton() {
29.              this.$emit('share', {
30.                  title: this.data.title,
31.                  path:
  `/pages/community/article-details/article-details?id=${this.articleId}`,
32.                  imageUrl:
  `${this.images[0]?this.images[0]:'/static/logo/logo.png'}`
33.              })
34.          },
35.      // 跳转到详情页
36.      handleJumpDetails() {
37.    uni.navigateTo({
38.                  url:
  '/pages/community/article-details/article-details?id=' + this.data.articleId
39.              })
40.      },
41.    },
42.    filters: {
43.      // 过滤方法，时间戳显示年、月、日
44.      filterDate(value) {
45.        let date = new Date(parseInt(value));
46.        let y = date.getFullYear();
47.        let m = date.getMonth() + 1;
48.        m = m < 10 ? ('0' + m) : m;
49.        let d = date.getDate();
50.        d = d < 10 ? ('0' + d) : d;
51.        return y + '-' + m + '-' + d
52.      },
53.      // 对阅读数据进行处理
54.      filterNumber(value) {
55.          let val = Number(value)
```

名师解惑：后端返回的各个图片数据是以“;”分隔的，此处需要按“;”将返回的字符串数据分割为数组。

名师解惑：当阅读数量大于或等于 10000 时，数量单位切换为“W”。

```
56.             if (val >= 10000) {
57.                 return (val / 10000).toFixed(1) + 'W'
58.             } else {
59.                 return val
60.             }
61.         }
62.     }
63. }
64. </script>
```

在完成组件的封装后，模拟一些静态数据，看一下组件的运行效果。在社区首页中，使用 Vue 模拟用户头像、用户昵称、发布时间、阅读量、文章标题、文章内容、转发数量、评论数量及点赞数量，通过文章卡片组件的 props 属性进行数据传递。关键代码如下。

文件路径：/pages/community/community.vue

JavaScript 部分

```
01. <script>
02.     const articleData = {
03.         // 文章和用户的关联表主键，作为唯一性标识
04.         "intactArticleId": "",
05.         // 文章信息
06.         "article": {
07.             // 文章 id
08.             "articleId": null,
09.             // 文章标题
10.             "title": "从军行七首・其四",
11.             // 文章内容
12.             "content": "青海长云暗雪山，孤城遥望玉门关。黄沙百战穿
    金甲，不破楼兰终不还。",
13.             // 发布时间
14.             "createTime": "1664260225801",
15.             // 评论数
16.             "commentNum": 99,
17.             // 阅读数
18.             "viewsNum": 1021,
19.             // 转发数
20.             "shareNum": 32,
21.             // 点赞数
22.             "likeNum": 46
23.         },
24.         "user": {
25.             // 用户主键
26.             "userId": "1572067213064654850",
27.             // 用户昵称
28.             "userName": "唐・王昌龄",
29.             // 用户头像
```

```
30.         "avatar":
  "https://upload-images.jianshu.io/upload_images/58092
  00-a99419bb94924e6d.jpg"
31.       },
32.       "image": {
33.         "articleImageId": null,
34.         // 1 张图
35.         // "imageLink":
  "https://upload-images.jianshu.io/upload_images/58092
  00-a99419bb94924e6d.jpg",
36.         // 2 张图
37.         // "imageLink":
  "https://upload-images.jianshu.io/upload_images/58092
  00-a99419bb94924e6d.jpg;https://upload-images.jianshu.
 io/upload_images/5809200-a99419bb94924e6d.jpg",
38.         // 5 张图
39.         "imageLink":
  "https://upload-images.jianshu.io/upload_images/58092
  00-a99419bb94924e6d.jpg;https://upload-images.jianshu.
 io/upload_images/5809200-a99419bb94924e6d.jpg;https://upload-
 images.jianshu.io/upload_images/5809200-a99419bb94924e6d.
 jpg;https://upload-images.jianshu.io/upload_images/5809200-
 a99419bb94924e6d.jpg;https://upload-images.jianshu.io/upload_
 images/5809200-a99419bb94924e6d.jpg;"
40.       },
41.     };
42.     // 整合 articleData 常量中的文章数据
43.     function createData(num = 1, index = 0) {
44.       let arr = [];
45.       for (let i = 0; i < num; i++) {
46.         // 防止 v-for 循环渲染时 key 值重复
47.         let item = JSON.parse(JSON.stringify(articleData));
48.         item.intactArticleId = "id_" + index + "_" + i;
49.         item.article.title = index + "_" + item.article.title;
50.         arr.push(item);
51.       }
52.       return arr;
53.     }
54. </script>>
```

名师解惑：由于此处是静态模拟数据，如果想看不同图片数量的列表展现方式，则可以解除对应的注释并查看效果。

注释提供了关于代码的附加信息，有助于提高代码的可读性、安全性和可维护性，开发人员在实践过程中要养成写注释的良好习惯。

名师解惑：为了避免 key 值重复，使用 index（索引）为文章卡片进行唯一性设置。

（3）运行效果

运行效果如图 4-8 所示。

4.5.5　制作悬浮按钮

1．新建组件文件

在/components 目录下新建组件文件，文件命名为“suspension-button”，勾选“创建同名目录”复选框，然后创建文件，文件最终路径为“/components/suspension-button/suspension-button.vue”。

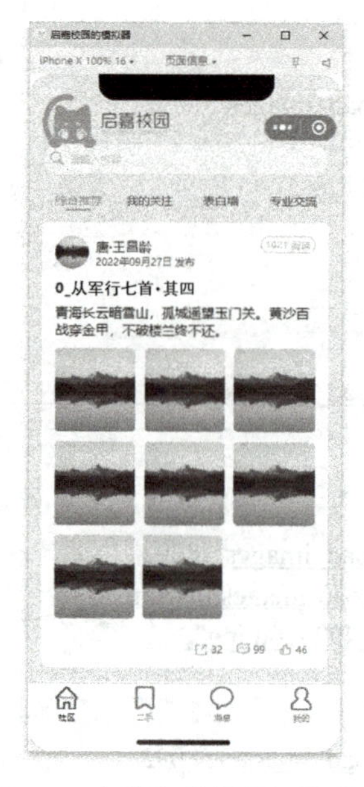

图 4-8　文章卡片组件运行效果

2. 封装悬浮按钮组件

（1）设计图分析

悬浮按钮区域由返回顶部按钮和快捷发布按钮组成，在页面中置顶显示，如图 4-9 所示。返回顶部按钮默认隐藏，用户上滑屏幕时显示；快捷发布按钮始终显示，且可拖动改变位置。

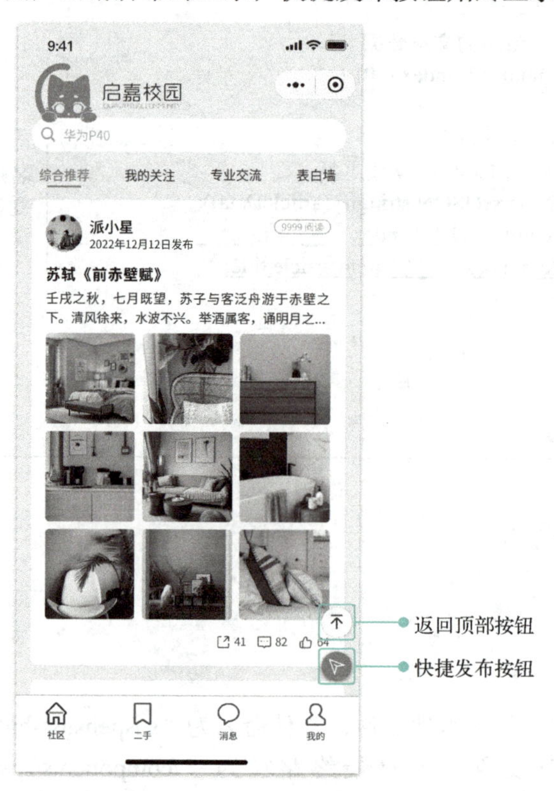

图 4-9　悬浮按钮结构分析

（2）代码实现

使用 uni-app 的可拖动区域组件 movable-area 和可移动视图容器组件 movable-view 实现拖动效果，movable-area 组件用于设置可拖动的范围，movable-view 组件为可拖动对象。关键代码如下。

文件路径：/components/suspension-button/suspension-button.vue

Template 部分

```
01. <template>
02.     <!-- 可拖动区域 -->
03.     <movable-area class="suspension-button-container" v-if="init">
04.         <!-- 发布入口按钮 -->
05.         <movable-view class="movable-view" direction="all" :y="y" :x="x">
06.             <view class="publish-button" @click="handleJumpPublish">
07.                 <uni-icons color='#fff'
    custom-prefix="iconfont" type="icon-sending" :size="18">
08.                 </uni-icons>
09.             </view>
10.         </movable-view>
11.         <!-- 返回顶部按钮 -->
12.         <movable-view class="movable-view"
    direction="all" disabled :y="y - 48" :x="x">
13.             <view class="backup-button"
    @click="handleBackUp" v-if="isBackUp">
14.                 <uni-icons color='#595656'
    custom-prefix="iconfont" type="icon-top" :size="18">
15.                 </uni-icons>
16.             </view>
17.         </movable-view>
18.     </movable-area>
19. </template>
```

名师解惑：返回顶部按钮在快捷发布按钮上方 48 像素的位置。由于返回顶部按钮不可拖动，因此添加 disabled 属性，禁用拖动。

JavaScript 部分

```
01. <script>
02.     export default {
03.         name: "suspension-button",
04.         props: {
05.             // 是否显示返回顶部
06.             isBackUp: {
07.                 default: false,
08.                 type: Boolean
09.             }
10.         },
```

```
11.         data() {
12.             return {
13.                 // 初始坐标
14.                 x: 0,
15.                 y: 0,
16.                 init: false
17.             };
18.         },
19.         onReady() {
20.             let width = uni.getSystemInfoSync().windowWidth - 32 - 8;
21.             this.x = width;
22.             const height = uni.getSystemInfoSync().windowHeight - 32 - 16;
23.             this.y = height;
24.             // 避免出现可拖动视图闪烁
25.             this.init = true;
26.         },
27.         methods: {
28.             handleJumpPublish() {
29.                 this.$emit('publish')
30.             },
31.             handleBackUp() {
32.                 this.$emit('backup')
33.             }
34.         }
35.     }
36. </script>
```

名师解惑：默认值为 false，可拖动区域位置计算完成前不显示，可以避免按钮位置跳跃出现闪烁现象。这是一个常见的界面设计技巧，开发者可以通过不断学习掌握更多开发技巧，提升专业水平，增强岗位胜任力。

名师解惑：快捷发布按钮的坐标为设备可使用窗口宽、高减去自身宽、高和 16 像素，从而使快捷发布按钮放置在窗口右下角，既不影响窗口文章列表显示，又能保证快捷发布按钮完整显示。

名师解惑：快捷发布按钮坐标获取完成后，显示可拖动区域。

名师解惑：将快捷发布按钮单击后的操作交由父组件处理，需要注意的是，当前还未制作发布文章页，所以这时的父组件的处理逻辑无具体内容。

（3）运行效果

运行效果如图 4-10 所示。

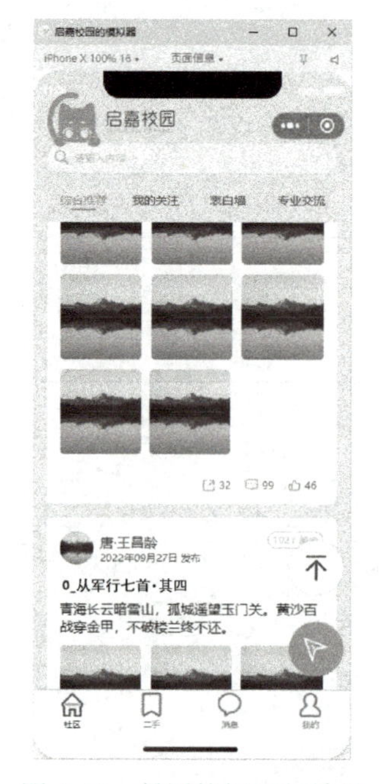

图 4-10　悬浮按钮运行效果

4.6 任务测试

任务测试见表 4-1。

表 4-1　任务测试

测试条目	是否通过
比对开发页面和设计图，核对字号、颜色、间距等设计参数	
各个子组件能够在社区首页中正常引入且可正常展示页面效果	
选项卡能够根据选择正常切换	
选项卡切换后能够显示对应的文章列表内容	
文章列表的标题和内容最多各截取一行与三行进行展示	
图片列表可正常展示 1～9 张不同数量的图片	
返回顶部按钮在用户上滑屏幕时显示	
快捷发布按钮可拖动到任意位置	

4.7 学习自评

学习自评见表 4-2。

表 4-2　学习自评

评价内容	了解/掌握
是否能够使用组件化思想进行组件封装	
是否能够使用 easyinput 组件制作搜索输入框	
是否能够使用 onShareAppMessage 方法实现页面转发	
是否能够使用图片处理方法实现图片的上传和预览	
是否能够使用 movable-area 组件实现元素的拖动	

4.8 课后练习

1. 选择题

（1）下列哪个组件为 uni-app 中的输入框组件？（　　）

A．uni-input

B．uni-easyinput

C．uni-text

D．uni-textarea

（2）onShareAppMessage 方法在 uni-app 中的作用是什么？（　　）

A．用于定义小程序如何响应用户的分享操作

B．用于设置小程序的背景颜色

C．用于获取用户在小程序中的行为数据

D．用于修改当前页面的标题

（3）uni.previewImage 方法在 uni-app 中的作用是什么？（　　）

A．用于预览图片，提供图片的缩放和滚动功能

B．用于选择图片，让用户从相册中选择图片

C．用于上传图片，将图片上传到服务器

D．用于获取图片信息

2．填空题

（1）uni-app 中提供可拖动区域，让用户在这个区域内进行拖动操作的组件是________。

（2）uni-app 中用于打开相册，让用户选择图片的方法是________。

3．简答题

简述组件化开发的作用。

4.9 任务拓展

根据设计图，实现“二手”首页效果，如图 4-11 所示。通过“二手”功能的实现，鼓励用户置换闲置物品，践行绿色、循环、低碳的可持续发展理念。

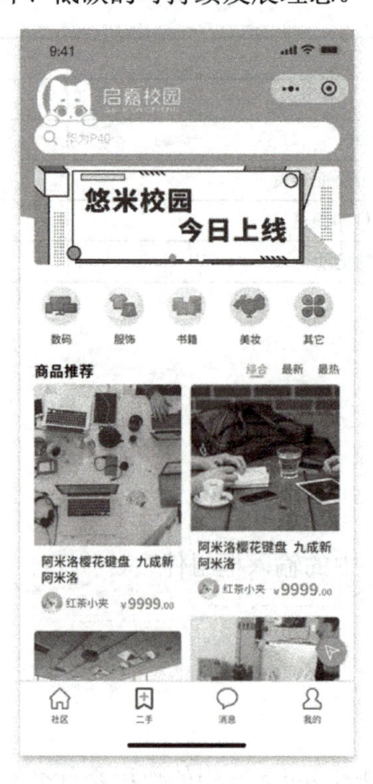

图 4-11 “二手”首页效果图

- 对“商品推荐”选项卡中“综合”“最新”“最热”子选项卡切换，可实现商品列表的改变。
- 使用组件化思想实现商品卡片组件的开发。
- 使用 Waterfall（瀑布流）组件实现商品列表中商品的展示。
- 上滑屏幕时标题区域悬浮置顶显示。
- 返回顶部按钮默认隐藏，上滑屏幕时显示。
- 快捷发布按钮可拖动到任意位置。

任务5 制作文章发布页

5.1 任务描述

社区首页文章列表中的文章是由用户发布的，用户可以通过分享自己的生活，享受数字化生活带来的便捷和乐趣。本任务将制作“启嘉校园”项目的文章发布页。在文章发布页中，用户可以编辑文章标题和内容，并可为文章添加图片、选择话题，文章发布成功后自动跳转回社区首页，刚发布的文章在文章列表中置顶显示。

5.2 任务效果

任务效果如图5-1所示。

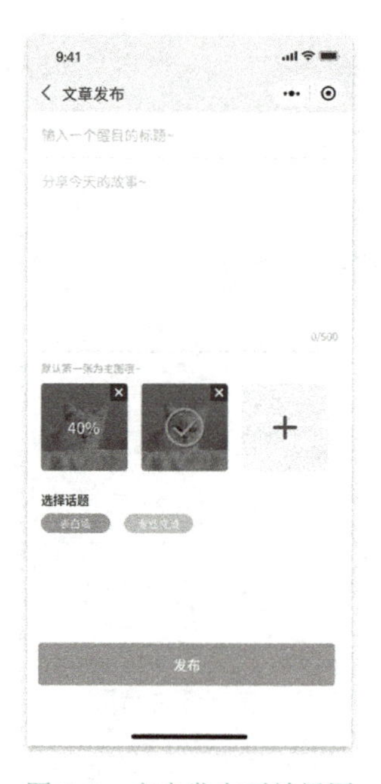

图5-1 文章发布页效果图

5.3 学习目标

素养目标

- 通过搭建文章发布页结构，把一个页面分成5个区域，逐步开发，培养学习者的全局思维。

- 通过制作上传图片区域，解决 H5 端无法限制上传数量问题，培养学习者敢于挑战、勇于探索的创新精神。

知识目标

- 掌握选择图片方法 uni.chooseImage 的使用。
- 掌握 uni-app 中多行输入框组件 textarea 的使用。

能力目标

- 能够使用 uni.chooseImage 方法实现在本地相册中获取图片或拍照。
- 能够使用 textarea 组件实现显示已输入字数和字数上限的多行输入框。
- 能够使用 uni.navigateTo 方法在页面跳转时传递话题参数。
- 能够使用正则表达式完成文章信息验证。
- 能够通过操作数组对象实现图片删除功能。

5.4 知识储备

元素遮罩层

5.4.1 元素遮罩层

元素遮罩层是指将一个元素覆盖在另一个元素上，从而实现遮罩效果。在实现元素遮罩层时，通常需要使用 CSS 中的 position 属性来控制元素的位置，参见下面的示例代码。

```
01. // HTML 代码
02. <div class="container">
03.     <div class="overlay"></div>
04.     <div class="content">
05.         <button>按钮</button>
06.     </div>
07. </div>
08. // CSS 代码
09. .container {
10.     position: relative;
11.     width: 200px;
12.     height: 200px;
13. }
14. .overlay {
15.     position: absolute;
16.     top: 0;
17.     left: 0;
18.     width: 100%;
19.     height: 100%;
20.     background-color: rgba(0, 0, 0, 0.5);
21.     z-index: 1000;
```

```
22. }
23. .content {
24.     position: relative;
25.     z-index: 999;
26. }
```

在上面的代码中，首先创建了一个包含两个子元素的容器，分别为 overlay 和 content。overlay 元素是一个全屏的遮罩层，使用 position:absolute 定位将其覆盖在 content 元素上。content 元素是实际的内容区域，使用 position:relative 定位。为 overlay 元素设置一个较高的 z-index 值以确保能够位于 content 元素上方，这样 content 中的 button 按钮就不能再被单击到了，因为设置了一个 overlay 元素作为遮罩层，并将其覆盖在 content 之上。

通过这种方式，可以轻松实现一个简单的元素遮罩层效果，如果需要实现更复杂的遮罩层效果，则还需要对 CSS 做进一步的调整，以满足具体的需求。

5.4.2 正则表达式

本书将在多处使用正则表达式，以下是一些常用正则表达式的案例。

```
01. // 匹配手机号码
02. /^1[3-9]\d{9}$/
03. // 匹配身份证号码
04. /^\d{17}[\dXx]$/
05. // 匹配电子邮件地址
06. /^[\w.-]+@[a-zA-Z0-9-]+(\.[a-zA-Z0-9-]+)*\.[a-zA-Z]{2,}$/
07. // 匹配 URL 地址
08. /^(https?:\/\/)?([a-z\d-]+\.)+[a-z]{2,}(\/[^\s]*)?$/i
09. // 匹配 IPv4 地址
10. /^((1\d{2}|2[0-4]\d|25[0-5]||[1-9]\d|\d)\.){3}(1\d{2}|2[0-4]\d|25[0-5]||[1-9]\d|\d)$/
11. // 匹配日期格式（YYYY-MM-DD）
12. /^\d{4}-\d{2}-\d{2}$/
13. // 匹配时间格式（HH:MM:SS）
14. /^([01]\d|2[0-3]):[0-5]\d:[0-5]\d$/
15. // 匹配邮政编码
16. /^[1-9]\d{5}$/
17. // 匹配 QQ 号码
18. /^[1-9]\d{4,10}$/
19. // 匹配微信号
20. /^[a-zA-Z][-_a-zA-Z0-9]{5,19}$/
21. // 匹配用户名（6～16 位字母、数字、下画线）
22. /^[a-zA-Z0-9_]{6,16}$/
23. // 匹配密码（6～16 位字母、数字、下画线）
24. /^[a-zA-Z0-9_]{6,16}$/
25. // 匹配中文字符
26. /[\u4e00-\u9fa5]/
27. // 匹配整数
28. /^-?\d+$/
29. // 匹配浮点数
30. /^-?\d+(\.\d+)?$/
```

任务 5 对应的完整知识储备见 https://book.change.tm/01/task5.html。

5.5 任务实施

5.5.1 页面结构分析与搭建

1. 新建页面文件

文章发布页是社区模块的二级页面，可通过单击社区首页中的快捷发布按钮进入。

在/pages/community/目录下新建名为“publish-article”的 Vue 文件，在新建文件时勾选“创建同名目录”复选框，文件最终路径为“/pages/community/publish-article/publish-article.vue”。

2. 搭建文章发布页结构

（1）设计图分析

根据文章发布页中内容相关度进行页面结构划分，返回上级页面按钮对应的图标和页面标题都位于页面导航栏中，可划分为导航栏区域；文章编辑包含标题和正文、图片上传以及选择话题三部分，可划分为文字信息、图片上传和选择话题三个区域；文章发布按钮悬浮于页面底部，可单独划分为文章发布按钮区域，如图 5-2 所示。

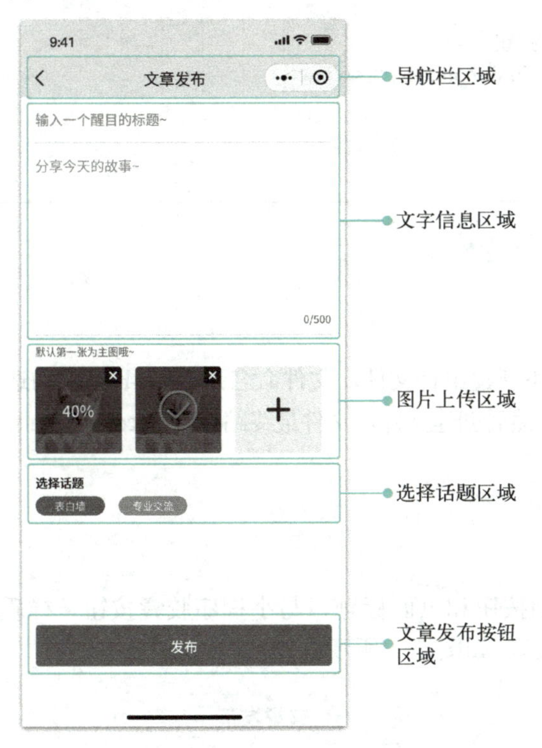

图 5-2　文章发布页结构分析

（2）代码实现

任务 4 讲述了如何利用组件对代码进行封装和优化。在本任务中，将继续利用组件对图片上传和导航栏功能进行封装。为了能够直观地看出文章发布页结构，先使用组件进行占位，各组件的封装会在后续子任务中完成，关键代码如下。

文件路径：/pages/community/publish-article/publish-article.vue

```
01. <template>
02.     <view class="publish-article-page">
03.         <!-- 导航栏区域 -->
04.         <nav-bar title="发布文章"></nav-bar>
05.         <view class="main-container">
06.             <!-- 文字信息区域 -->
07.             <view class="article-title"></view>
08.             <view class="article-content"></view>
09.             <!-- 图片上传区域 -->
10.             <view class="tips"> 默认第一张为主图哦~ </view>
11.             <view>
12.                 <image-upload @change="handleUploadChange" />
13.             </view>
14.             <!-- 选择话题区域 -->
15.             <view class="label-container">
16.                 <view class="title">选择话题</view>
17.                 <view class="list"></view>
18.             </view>
19.             <!-- 文章发布按钮 -->
20.             <view class="submit-container"></view>
21.         </view>
22.     </view>
23. </template>
```

5.5.2 制作导航栏区域

1. 新建组件文件

在/components 目录下新建组件文件，文件命名为“nav-bar”，勾选“创建同名目录”复选框，然后创建文件，文件最终路径为“/components/nav-bar/nav-bar.vue”。

2. 封装导航栏组件

（1）设计图分析

导航栏区域包含返回按钮和页面标题，与小程序胶囊按钮一样垂直居中，单击返回按钮可返回上级页面（社区首页），如图 5-3 所示。

图 5-3　导航栏区域分析

（2）代码实现

各个小程序平台的胶囊按钮的高度不同，因此想要实现垂直居中效果，需要根据小程序胶囊按钮的高度来设置导航栏高度，可以使用 JavaScript 动态获取小程序胶囊按钮的高度，关键代码如下：

文件路径：/components/nav-bar/nav-bar.vue

Template 部分

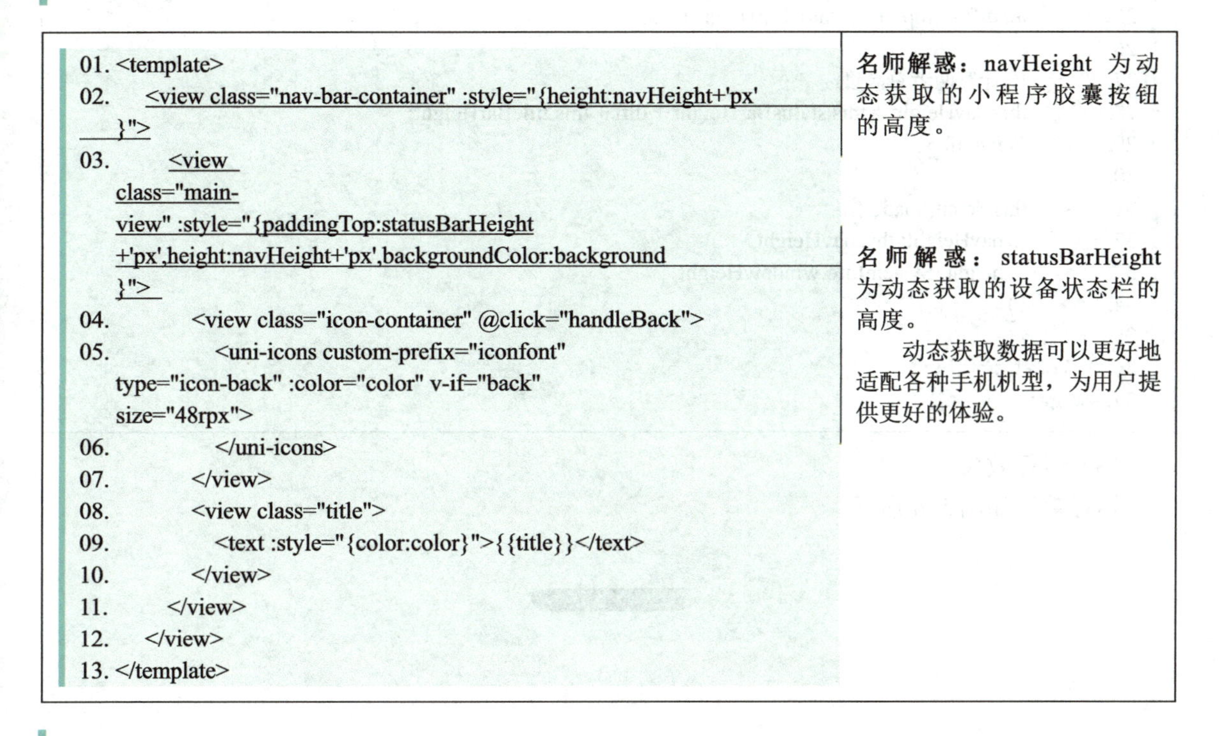

```
01. <template>
02.     <view class="nav-bar-container" :style="{height:navHeight+'px'
    }">
03.         <view
    class="main-
    view" :style="{paddingTop:statusBarHeight
    +'px',height:navHeight+'px',backgroundColor:background
    }">
04.             <view class="icon-container" @click="handleBack">
05.                 <uni-icons custom-prefix="iconfont"
    type="icon-back" :color="color" v-if="back"
    size="48rpx">
06.                 </uni-icons>
07.             </view>
08.             <view class="title">
09.                 <text :style="{color:color}">{{title}}</text>
10.             </view>
11.         </view>
12.     </view>
13. </template>
```

名师解惑： navHeight 为动态获取的小程序胶囊按钮的高度。

名师解惑： statusBarHeight 为动态获取的设备状态栏的高度。

动态获取数据可以更好地适配各种手机机型，为用户提供更好的体验。

JavaScript 部分

```
01. <script>
02. /* 省略其余代码 */
03. mounted() {
04.         console.log("mounted");
05.
06.         const SystemInfo = uni.getSystemInfoSync();
07.         let windowWidth = SystemInfo.windowWidth;
08.         // #ifdef H5
09.         this.statusBarHeight = 0;
10.         this.titleBarHeight = 45;
11.         this.navHeight = 45;
12.
13.         // #endif
14.         // #ifdef MP-WEIXIN
15.         // 获取状态栏高度
16.         this.statusBarHeight = SystemInfo.statusBarHeight;
17.         // 获取胶囊按钮高度
```

```
18.         let MenuButtonBoundingClientRect = uni.getMenuButtonBoundingClientRect();
19.         console.log(MenuButtonBoundingClientRect);
20.         this.titleBarHeight = MenuButtonBoundingClientRect.height;
21.         let top = MenuButtonBoundingClientRect.top;
22.
23.         let PaddingRight = windowWidth - MenuButtonBoundingClientRect.left;
24.         this.$set(this, 'PaddingRight', PaddingRight)
25.         let diff = (top - this.statusBarHeight) * 2;
26.
27.         // 计算两者总高度
28.         this.navHeight = this.statusBarHeight + diff + this.titleBarHeight;
29.         // #endif
30.
31.         this.$emit('load', {
32.           navHeight: this.navHeight,
33.           height: SystemInfo.windowHeight
34.         })
35.     },
36. /* 省略其余代码 */
37. <script>
```

（3）运行效果

运行效果如图 5-4 所示。

图 5-4　导航栏区域运行效果

5.5.3　制作文字信息区域

文字信息区域主要由标题与正文文本框组成，在正文文本框右下角显示已输入字数与字数上限提示，如图 5-5 所示，当用户输入的字数达 500 后，禁止继续输入。限制文本框输入字数是前端开发中的常规操作，可有效避免不必要的错误和冗长的输入。

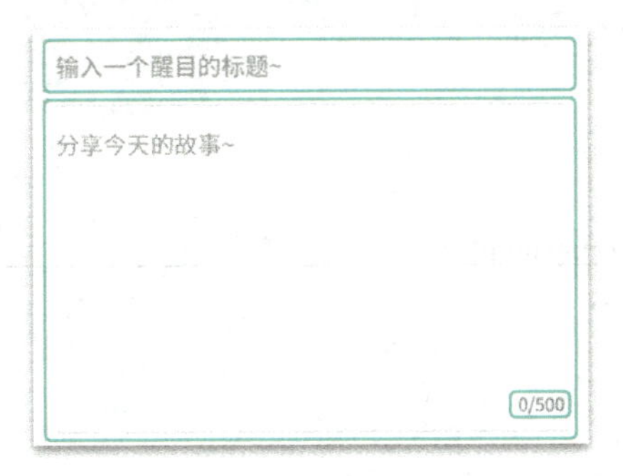

图 5-5 文字信息区域分析

使用 uni-app 中的多行输入框 textarea 可以实现文章正文内容的输入，通过 CSS 伪类选择器动态插入已输入文字数量。关键代码如下。

文件位置：/pages/community/publish-article/publish-article.vue

Template 部分

```
01. <template>
02.     <view class="publish-article-page">
03.         <!-- 导航栏区域 -->
04.         <!-- 省略其余代码 -->
05.         <view class="main-container">
06.             <!-- 文字信息区域 -->
07.             <view class="article-title">
08.                 <input type="text" v-model="communityContent.articleTitle" placeholder="输入一个醒目的标题~"
    maxlength="40" />
09.             </view>
10.             <view class="article-content">
11.                 <textarea
   v-model="communityContent.articleContent" :data-maxnum="communityContent.
   articleContent.length+'/500'" placeholder="分享今天的故事~" maxlength="500" />
12.             </view>
13.         </view>
14.     </view>
15. </template>
```

CSS 部分

```
01. <style lang="scss" scoped>
02.     .main-container {
03.         /* 省略其余代码 */
```

```
04.     // 文章内容
05.     .article-content-container {
06.         /* 省略其余代码 */
07.         // 多行文本框
08.         textarea {
09.             /* 省略其余代码 */
10.             &:after {
11.                 content: attr(data-maxnum);
12.                 position: absolute;
13.                 right: 10rpx;
14.                 bottom: 0rpx;
15.                 font-size: 28rpx;
16.                 color: gray;
17.             }
18.         }
19.     }
20. }
21. </style>
```

名师解惑：在 after 和 before 伪类选择器中可使用 content 属性实现页面元素内容的插入，配合 attr 表达式，能够向页面元素里动态填写内容。

运行效果如图 5-6 所示。

图 5-6　文字信息区域运行效果

5.5.4　制作图片上传区域

1. 新建组件文件

在/components 目录下新建组件文件，文件命名为“image-upload”，勾选“创建同名目录”

复选框，然后创建文件，文件最终路径为“/components/image-upload/image-upload.vue”。

2. 封装图片上传组件

（1）设计图分析

图片上传区域包含上传按钮和图片预览两部分，其中图片预览可以避免用户上传错误的图片。图片预览分为上传中和上传成功两种状态，上传中状态下显示上传进度的百分比，上传成功状态下显示上传成功图标。删除图片按钮在图片预览右上角显示，上传图片按钮在图片列表最右侧。用户可上传图片数量最多为 9 张，当图片列表宽度超过屏幕宽度时，出现横向滚动条。图片上传区域分析如图 5-7 所示。

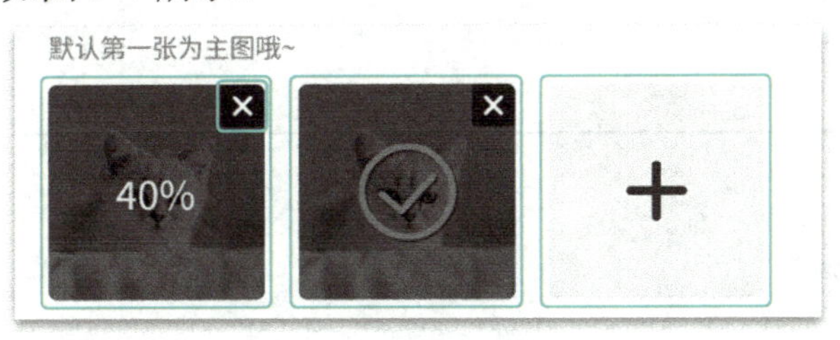

图 5-7　图片上传区域分析

（2）代码实现

图片上传的主要实现逻辑是通过操作数组，记录上传的图片信息，上传图片时向数组内追加图片数据，删除图片时从数组内移除相应数据。关键代码如下。

文件路径：/components/image-upload/image-upload.vue

Template 部分

```
01. <template>
02.     <view class="image-upload-container">
03.       <!-- 图片区域 -->
04.       <scroll-view scroll-x="true" class="upimage_add" show-scrollbar="false">
05.         <view class="image-list-container">
06.           <!-- 图片容器 -->
07.           <view class="image-item-container" v-for="(item, index) in imageList" :key="index">
08.             <!-- 图片缩放图 -->
09.             <image class="image-container" mode="aspectFill" :src="item.localPath"></image>
10.
11.             <!-- 上传进度遮罩层 -->
12.             <view v-if="item.percent == 100" @click.stop="handlePrevieimg(index)" class="mask">
13.               <image src="/static/message-icon/mask.png" mode=""></image>
14.             </view>
15.             <view v-else class="mask-container"> {{item.percent}}% </view>
16.
17.             <!-- 删除按钮 -->
18.             <view class="del-image-container" @click.stop="handleRemoveImg(index)">
19.               <uni-icons custom-prefix="iconfont" type="icon-cross" color="#fff" size="20rpx">
20.               </uni-icons>
21.             </view>
22.           </view>
```

```
23.         <!-- 上传按钮，图片数量大于或等于 9 时隐藏 -->
24.         <view class="up-btn" @click="handleUploadImage" v-if="imageList.length<count">
25.           <uni-icons custom-prefix="iconfont" type="icon-add" color="#545454" size="56rpx">
26.           </uni-icons>
27.         </view>
28.       </view>
29.     </scroll-view>
30.   </view>
31. </template>
```

JavaScript 部分

```
01. <script>
02. export default {
03.   name: "image-upload",
04.   data() {
05.     return {
06.          /* 省略其余代码 */
07.     };
08.   },
09.   mounted() {
10.     this.status = true;
11.   },
12.   methods: {
13.     // 开始上传图片
14.     handleUploadImage() {
15.       // 最大上传数量
16.       const _count = this.count;
17.       // 最大上传大小
18.       const _MaxSize = 2 * 1024 * 1024;
19.       let _this = this
20.       if (this.imageList.length >= _count) {
21.           this.handleShowToast("最多上传 9 张图片");
22.           return;
23.       }
24.       // 剩余可上传图片数量
25.       const count = _count - this.imageList.length;
26.       // 选择图片
27.       uni.chooseImage({
28.           count: count,
29.           sizeType: ['original', 'compressed'],
30.           sourceType: ['camera', 'album'], //从相册中选择
31.           success: (res) => {
32.                this.status = false;
33.                this.handleChangeEmit();
34.                // 解决 H5 端无法限制上传图片数量问题
35.                if (res.tempFiles.length > count) {
```

名师解惑：使用 imageList 数组记录上传的图片信息，通过判断该数组长度，限制用户上传图片数量最多为 9 张。

名师解惑：使用 uni.chooseImage 方法可以从本地相册中选择图片或拍照。

```
36.                 this.handleShowToast("最多上传 9 张图片");
37.                 return;
38.             }
39.             // 过滤超出限制大小的图片
40.             let tempFilePaths = res.tempFiles.filter((item) => {
41.                 return item.size <= _MaxSize;
42.             });
43.             // 判断是否全部图片都符合上传要求大小
44.             if (tempFilePaths.length != res.tempFiles.length) {
45.                 this.handleShowToast("有部分图片超出限制大小");
46.                 return;
47.             }
48.         this.handleStartUpload(tempFilePaths);
49.             },
50.         });
51.     },
52.     /* 省略其余代码 */
53.     // 删除图片
54.     handleRemoveImg(index) {
55.         uni.showModal({
56.             title: '删除',
57.             content: '确定删除该图片？',
58.             success: (res) => {
59.                 if (res.confirm) {
60.                     this.imageList.splice(index, 1)
61.                     this.handleChangeEmit();
62.                 }
63.             }
64.         });
65.     },
66.     /* 省略其余代码 */
67.   }
68. }
69. </script>
```

名师解惑： 通过遍历上传的图片信息，返回未超过上传大小限制的图片数量，判断其与上传图片总量是否一致，不一致则说明有图片超出大小限制，终止上传流程。

名师解惑： 通过 splice 方法删除 imageList 数组中指定位置的数据，实现删除图片操作。

（3）运行效果

运行效果如图 5-8 所示。

图 5-8　图片上传区域运行效果

5.5.5 制作选择话题区域

为了提升用户体验，在用户跳转到文章发布页时添加了一个自动选中话题的设定：当用户从社区首页的“综合推荐”或“我的关注”分类下进入文章发布页时，不会自动选中话题；当用户从社区首页的“表白墙”和“专业交流”分类下进入文章发布页时，分别自动选中表白墙和专业交流话题。自动选中话题功能在社交媒体平台、论坛、博客等在线社区中广泛应用，可以减少用户操作并引导用户分享积极且有价值的内容，从而共同构建更友好、健康的互联网环境。

想要实现自动选中话题，需要在页面跳转时把社区首页的分类信息索引作为参数传递给文章发布页，在社区首页中修改快捷发布按钮监听的单击事件。关键代码如下。

文件路径：/pages/community/community.vue

Template 部分

```
01. <template>
02.     <view class="contanier">
03.         <!-- 省略其余代码 -->
04.         <!-- 悬浮按钮组件区域 -->
05.         <suspension-button :isBackUp='isBackUp' @backup="handleBackUp"
    @publish="handleJumpPublishPage"></suspension-button>
06.     </view>
07. </template>
```

JavaScript 部分

```
01. <script>
02.     /* 省略其余代码 */
03.     export default {
04.         data() {
05.     /* 省略其余代码 */
06.             return {
07.                 /* 省略其余代码 */
08.             };
09.         },
10.         methods: {
11.             /* 省略其余代码 */
12.             // 跳转到文章发布页
13.             handleJumpPublishPage() {
14.                 uni.navigateTo({
15.                     url:
    "/pages/community/publish-article/publish-article?type
    =" + this.active
16.                 })
17.             }
```

名师解惑：在跳转地址中添加 type 参数，传递分类信息索引。

```
18.      },
19.    };
20. </script>
```

在文章发布页中获取社区首页传递过来的分类信息索引，通过判断索引值，决定是否自动选中话题。关键代码如下。

文件路径：/pages/community/publish-article/publish-article.vue

Template 部分

```
01. <template>
02.    <view class="publish-article-page">
03.       <!-- 导航栏区域 -->
04.       <!-- 省略其余代码 -->
05.       <view class="main-container">
06.          <!-- 省略其余代码 -->
07.          <!-- 选择话题区域 -->
08.          <view class="label-container">
09.             <view class="title">选择话题</view>
10.             <view class="list-container">
11.                <view class="label-tag" :class="{'label-tag-active':active===index}"
   v-for="(item,index) in labelList"
12.                   :key="item.familyId" @click="handleSelectLabel(index)">
13.                   {{item.familyName}}
14.                </view>
15.             </view>
16.          </view>
17.       </view>
18.    </view>
19. </template>
```

JavaScript 部分

```
01. <script>
02.    export default {
03.       data() {
04.          return {
05.             /* 省略其余代码 */
06.          }
07.       },
08.       onLoad(e) {
09.          this.active = e.type - 2;
```

名师解惑：页面加载完成后获取 type 参数值，并赋值给 this.active。因为综合推荐和我的关注不属于话题，所以赋值时应进行 type−2 操作，使话题数组索引值与传递过来的参数值对应的话题保持一致。

```
10.             this.handleQueryLabel()
11.         },
12.         methods: {
13.             /* 省略其余代码 */
14.             // 获取话题
15.             handleQueryLabel() {
16.                 this.labelList = [{
17.                         "familyId": "3562519823581335567",
18.                         "familyName": "表白墙"
19.                     },
20.                     {
21.                         "familyId": "4321519823581335552",
22.                         "familyName": "专业交流"
23.                     },
24.                 ];
25.                 if (this.active >= 0) {
26.                     this.handleSelectLabel(this.active);
27.                 }
28.             },
29.             // 选择话题
30.             handleSelectLabel(index) {
31.                 let familyId = this.labelList[index].familyId;
32.                 this.active = index;
33.                 this.communityContent.familyId = familyId;
34.             },
35.         },
36.     }
37. </script>
```

名师解惑：判断 this.active 值是否大于或等于 0，大于 0 时自动选中话题。

运行效果如图 5-9 所示。

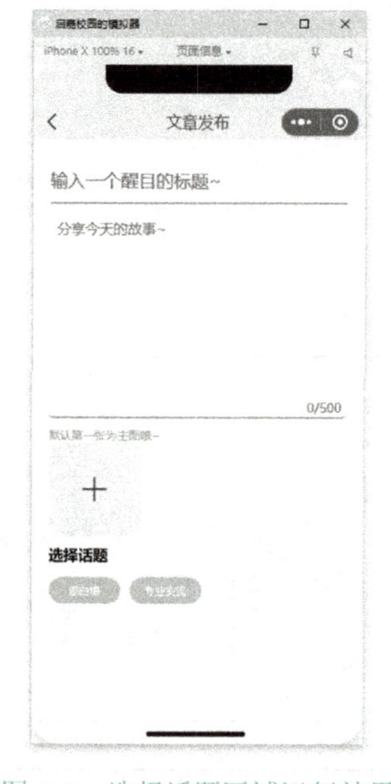

图 5-9　选择话题区域运行效果

5.5.6 制作文章发布按钮区域

在进行文章发布时，用户编辑的文章内容须符合以下验证规则：标题和正文不允许为空；标题长度最大为 40 个字符；正文长度最大为 500 个字符；图片正在上传时禁止发布文章；话题为必选项。关键代码如下。

文件路径：/pages/community/publish-article/publish-article.vue

Template 部分

```
01. <template>
02.     <view class="publish-article-page">
03.         <!-- 导航栏区域 -->
04.         <!-- 省略其余代码 -->
05.         <view class="main-container">
06.         <!-- 省略其余代码 -->
07.             <!-- 文章发布按钮区域 -->
08.             <view class="submit-container">
09.                 <view class="submit-btn" @click="handleReleaseArticle">
10.                     发布
11.                 </view>
12.             </view>
13.         </view>
14.     </view>
15. </template>
```

JavaScript 部分

```
01. <script>
02.     export default {
03.         data() {
04.             return {
05.                 /* 省略其余代码 */
06.             }
07.         },
08.         /* 省略其余代码 */
09.         methods: {
10.         /* 省略其余代码 */
11.             // 发布文章
12.             async handleReleaseArticle() {
13.                 if (!this.communityContent.images.status) {
14.                     uni.showToast({
15.                         title: '图片正在上传中，暂不能发布',
16.                         icon: 'none',
17.                         duration: 2000
```

名师解惑：记录图片的上传状态，图片上传完成时值为 true，图片上传中时值为 false，上传时禁止发布文章。

```
18.             });
19.             return;
20.           }
21.           /* 省略其余代码 */
22.         },
23.       },
24.   }
25. </script>
```

运行效果如图 5-10 所示。

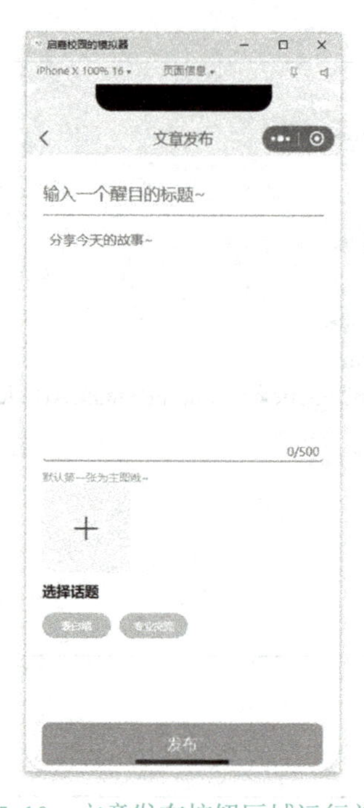

图 5-10　文章发布按钮区域运行效果

5.6 任务测试

任务测试见表 5-1。

表 5-1　任务测试

测试条目	是否通过
比对开发页面和设计图，核对字号、颜色、间距等设计参数	
各个子组件能够在发布页中正常引入且可正常展示页面效果	
图片超过数量或大小限制时能够取消上传并做出相应提示	
图片上传中和上传完成效果都能够正常显示	
图片上传成功后能够进行图片的预览与删除操作	
话题能够根据社区首页的传值自动选中并可自由切换	
在发布文章时，若用户编辑的文章内容符合验证规则，则提示发布成功并跳转回社区首页；若不符合验证规则，则做出相应错误提示	

5.7 学习自评

学习自评见表 5-2。

表 5-2　学习自评

评价内容	了解/掌握
是否能够使用 uni.chooseImage 方法实现从本地相册中获取图片或拍照	
是否能够使用 textarea 组件实现显示已输入字数和字数上限的多行文本输入框	
是否能够使用 uni.navigateTo 方法在页面跳转时传递话题参数	
是否能够使用正则表达式完成文章信息验证	
是否能够通过操作数组对象来实现图片删除功能	

5.8 课后练习

1. 选择题

（1）在制作元素遮罩层时，使用以下哪个属性可以设置元素的层级？（　　）

A. index

B. position

C. z-index

D. line-height

（2）以下哪个选项是手机号正则表达式的正确写法？（　　）

A. /^1[3-9]\d{9}$/

B. /1[3-9]\d{9}/

C. /1[3-9]\d{10}/

D. /^[1-9]\d{10}$/

（3）在启嘉校园文章发布页中，以下哪个变量表示设备状态栏高度？（　　）

A. phoneBarHeight

B. statusBarHeight

C. navHeight

D. titleBarHeight

2. 填空题

（1）匹配邮政编码的正则表达式是________。

（2）在从社区首页跳转到文章发布页时，通过在跳转地址中添加________参数，可传递分类信息索引。

3. 简答题

简述通过操作数组对象实现图片删除功能的步骤。

5.9 任务拓展

根据设计图，实现“二手”商品发布页面效果，如图 5-11 所示。

- 在“二手”首页，通过快捷发布按钮可跳转至商品发布页面。
- 标题与正文的验证规则可参考文章发布页。
- 图片为必填项，默认第一张图片为商品主图。
- 商品分类的类目可从“二手”首页跳转中获取。
- 商品金额为必填项且金额不能为 0。
- 单击“发布”按钮时，对信息进行校验，若符合上述规则，则可发布成功，并跳转到上一级页面。

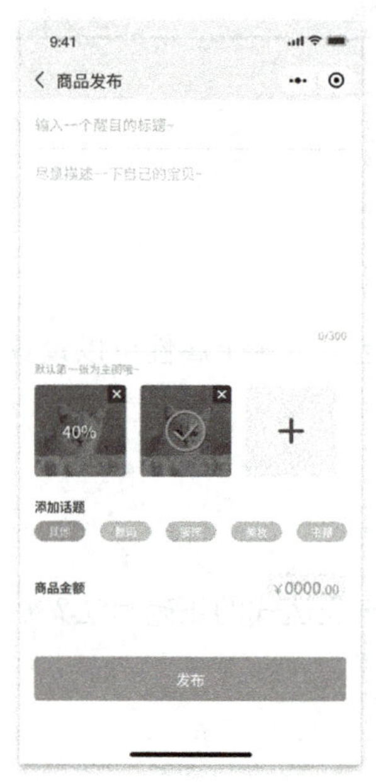

图 5-11 “二手”商品发布页面效果图

任务 6 制作文章详情页

6.1 任务描述

通过单击社区首页“文章列表”中的文章卡片，可以进入文章详情页，其中包含文章的发布者信息、发布时间、标题、正文等内容，用户可进行浏览文章内容、关注其他用户、转发、评论和点赞操作，也可在评论区查看、回复和点赞其他用户的评论，这些是文章管理系统包含的常规功能，也是移动端系统常见的交互手段，能够让用户有更好的应用体验。

6.2 任务效果

任务效果如图 6-1 所示。

图 6-1 “文章详情页”效果图

6.3 学习目标

素养目标

- 通过对组件的封装与复用，树立学习者遵守行业编码规范的意识。
- 通过引导学习者自学官网开发手册，培养其热爱学习、主动学习的精神。
- 通过解决软件兼容性问题，树立学习者追求软件高质量的职业意识。
- 通过网络系统的开发，树立学习者的网络案例意识，通过“健康用网”传播正能量。

知识目标

- 掌握组件的复用。
- 掌握小程序页面转发方法 onShareAppMessage 的使用。
- 掌握 Vue 的回调延迟方法$nextTick 的使用。
- 掌握 Vue 的 filters 过滤器的使用。
- 掌握 input 组件的 always-embed 和 adjust-position 属性的用法。

能力目标

- 能够使用组件提升代码复用率。
- 能够使用 onShareAppMessage 方法实现转发页面的自定义信息设置。
- 能够使用 filters 过滤器实现日期和时间的格式化。
- 能够解决 iOS 系统中键盘唤醒后输入框被覆盖的问题。

6.4 知识储备

6.4.1 组件复用与拓展

组件的复用和拓展是两个紧密相关的概念，它们都是为了提高代码的可复用性和可维护性。组件的复用是指在不同场景下使用同一个组件的能力，而组件的拓展则是指在已有组件的基础上进行修改和扩展，从而创建一个新的组件。

1. 组件复用

组件复用是指在不同场景下使用同一个组件的能力。在实际开发中，通常会将一些通用组件抽象出来，如按钮、表单、模态框等，然后在不同的页面中复用这些组件。

组件复用可通过多种方式实现，例如，利用 props 传递数据，使子组件能够根据父组件传递的数据进行定制化渲染；使用插槽，让父组件能够插入自定义内容，使子组件更灵活；使用高阶组件，将组件逻辑封装为函数，或使用 mixins，将共享逻辑封装在一起，减少重复编写。

假设有一个按钮组件 Button，它具有以下属性：text、type 和 size。可以在不同的页面中复用这个组件。

Button 组件代码如下。

```
01. <template>
02.     <button class="button" :class="typeClass" :style="sizeStyle">{{ text }}</button>
03. </template>
04.
05. <script>
06. export default {
07.     props: {
08.         text: String,
09.         type: String,
10.         size: String
11.     },
12.     computed: {
13.         typeClass() {
14.             return `button-${this.type}`
15.         },
16.         sizeStyle() {
17.             return { fontSize: this.size }
18.         }
19.     }
20. }
21. </script>
```

在另一个页面中使用此组件。

```
01. <template>
02.     <div>
03.         <Button text="Primary Button" type="primary" size="16px" />
04.         <Button text="Secondary Button" type="secondary" size="14px" />
05.     </div>
06. </template>
07.
08. <script>
09. import Button from '@/components/Button'
10.
11. export default {
12.     components: {
13.         Button
14.     }
15. }
16. </script>
```

另外，也可以通过 mixins 实现组件选项的可复用性，如 data、components、props、created、methods 等。当一个组件引用 mixins 时，mixins 对象的选项将被混入组件本身的选项。但是这些组件无法修改 mixins 选项中的初始值，可以在其内部对这些值进行修改、增加等操作，不会影响其他组件引用的值，参见下面的示例代码。

```
01. // 在根目录下新建 mixins 文件夹，然后在这个文件夹下新建一个 m.js 文件，
```

```
// 用来存放对象并将其暴露
02. export const myMixins = {
03.     data() {
04.         return {
05.             name: "jack",
06.             age: 24
07.         }
08.     },
09.     props: {},
10.     component: {},
11.     created() {},
12.     methods: {}
13. }
14.
15. // 在组件中利用 import 引入后才可使用
16. <script>
17. import { myMixins } from "@/minxins/m.js";
18.
19. export default {
20.     name: "lili",
21.     mixins: [myMixins],
22.     data() {
23.         return {}
24.     },
25.     created() {
26.         console.log(this.name); // jack
27.         console.log(this.age); // 24
28.     }
29. }
30. </script>
```

2. 组件拓展

组件拓展是指在已有组件的基础上进行修改和扩展，从而创建一个新组件。通常情况下，组件的拓展可以通过继承或者组合等方式来实现。

在继承方式中，可以通过继承已有组件的方式来创建一个新的组件，并在新组件中添加新的属性和方法。

在组合方式中，可以将已有组件作为子组件，然后在新组件中添加新的属性和方法。

假设有一个表单组件 Form，它包含多个输入框。可以在已有 Form 基础上创建一个 Login Form 组件，用于登录表单。

Form.vue 组件代码如下。

```
01. <template>
02.     <form>
03.         <slot></slot>
04.     </form>
05. </template>
06.
07. <script>
```

```
08. export default {
09.     name: 'Form'
10. }
11. </script>
```

在 LoginForm 组件中，可以继承 Form 组件，并添加新的属性和方法。

LoginForm.vue 组件代码如下。

```
01. <template>
02.     <Form>
03.         <input type="text" v-model="username" placeholder="Username">
04.         <input type="password" v-model="password" placeholder="Password">
05.         <button @click="login">Login</button>
06.     </Form>
07. </template>
08.
09. <script>
10. import Form from '@/components/Form'
11.
12. export default {
13.     name: 'LoginForm',
14.     extends: Form,
15.     data() {
16.         return {
17.             username: '',
18.             password: ''
19.         }
20.     },
21.     methods: {
22.         login() {
23.             // do login
24.         }
25.     }
26. }
27. </script>
```

在页面中使用 Login Form 组件。

```
01. <template>
02.     <div>
03.         <LoginForm />
04.     </div>
05. </template>
06.
07. <script>
08. import LoginForm from '@/components/LoginForm'
09.
10. export default {
11.     components: {
12.         LoginForm
```

```
13.     }
14. }
15. </script>
```

通过继承 Form 组件，可以在 LoginForm 中复用 Form 组件的功能，并添加新的属性和方法。由于 LoginForm 继承自 Form，因此它具有 Form 的所有属性和方法，同时还可以添加自己的属性和方法。

综上所述，组件的复用和拓展都是为了提高代码的可复用性和可维护性。在实际开发中，需要根据具体情况选择合适的方式来实现组件的复用和拓展。同时，在组件的设计和开发过程中，需要考虑组件的拓展和复用，从而提高组件的可扩展性和可复用性。

6.4.2　uni-app 跨端兼容

虽然 uni-app 具有跨平台优势，但是不同平台之间还是存在一些兼容性问题，需要开发者注意。

uni-app 跨端兼容

以下是一些可能出现的跨端兼容问题及其解决方法。

- 样式兼容性问题：不同平台对样式的支持度不同，需要开发者针对不同平台进行样式调整。可以使用平台判断工具，例如，uni.getSystemInfoSync 方法，获取当前平台信息，并根据平台信息动态修改样式。
- 组件兼容性问题：不同平台支持的组件和属性不同，需要开发者注意对应组件和属性的支持情况。可以使用条件渲染或者 slot 来动态加载不同平台的组件。

uni-app 基础知识 06 之 API 概述

- API 兼容性问题：不同平台支持的 API 不同，需要开发者使用条件编译来针对不同平台编写不同的 API 调用代码。
- 生命周期兼容性问题：不同平台的生命周期可能存在差异，需要开发者注意不同平台的生命周期差异并进行针对性调整。
- 性能兼容性问题：不同平台的性能表现不同，需要开发者注意各平台的性能差异。

下面列举两个常见的跨端兼容问题的例子。

例 1：iOS 平台出现的橡皮筋回弹效果。

在使用 uni-app 开发页面时，各背景色都使用统一的颜色，在安卓系统中没有问题，但是在 iOS 中上拉或下拉页面时会出现橡皮筋回弹效果，而回弹的背景色与页面设置的背景色不同。比如，在一个灰色的主背景下，下拉页面时回弹部分呈现出白色的背景色。

正常情况下，如果页面内容不多，不会造成页面滑动，则可以直接在 pages.json 里面加入 "disableScroll":true，这样可以直接取消页面的滚动。如果页面内容较多，则不建议采用此方法，可以通过对页面添加 scroll-view 组件来解决，参见下面的示例代码。

```
01. <scroll-view scroll-y="true" class="content":show-scrollbar="false">
</scroll-view>
```

例 2：iOS 平台的日期兼容性问题。

在小程序中，iOS 和安卓端的日期格式会出现兼容性问题，因为 iOS 不支持日期对象，在使用时，日期对象会变成 NaN。比如日期格式以“-”作为分隔符，在小程序 iOS 端无法识别，导致显示异常，参见下面的示例代码。

```
01. let time = 2022-11-22
02. // 安卓系统中可以使用
03. new Date(time)
04. // iOS 中需要转换为 2022/11/22
05. new Date(time.replace(/-/g,'/'))
```

总之，在进行跨平台开发时，需要开发者注意不同平台之间的兼容性问题，并采取相应的措施进行解决。同时，可以使用 uni-app 提供的条件编译、平台判断等功能来简化跨平台开发过程。

6.4.3 DOM 更新回调

$nextTick 是 Vue 提供的一个异步方法，它的作用是在 DOM 更新之后执行回调函数。在 Vue 更新 DOM 后，可能会需要访问更新后的 DOM 或者执行一些需要在 DOM 更新后才能执行的操作，这时可以使用$nextTick 方法来保证在 DOM 更新完成后再执行这些操作。

$nextTick 方法的使用非常简单，只需要在 DOM 更新后执行的回调函数中调用：

```
01. Vue.nextTick(function () {
02.     // DOM 更新后执行的回调函数
03. })
```

也可以采用 Promise 的形式调用$nextTick 方法。

```
01. Vue.nextTick().then(function () {
02.     // DOM 更新后执行的回调函数
03. })
```

需要注意的是，$nextTick 方法返回的是一个 Promise 对象，如果在回调函数中使用了箭头函数，则需要使用 return 关键字来返回 Promise 对象。

$nextTick 方法常见的用途包括：

- 在修改数据后立即访问更新后的 DOM。
- 在使用$refs 访问子组件时，保证子组件已经创建完成。
- 在使用第三方 UI 库时，保证 UI 库中的组件已经正确渲染。

总之，$nextTick 是 Vue 提供的一个非常实用的方法，可以保证在 Vue 更新 DOM 后执行回调函数，实现一些需要在 DOM 更新后执行的操作。

任务 6 对应的完整知识储备见 https://book.change.tm/01/task6.html。

6.5 任务实施

6.5.1 页面结构分析与搭建

1. 新建页面文件

文章详情页是社区模块的二级页面，可以通过单击社区首页文章列表中的文章卡片进入。

在/pages/community/目录下新建名为“article-details”的 Vue 文件，在新建文件时勾选“创建同名目录”复选框，然后创建文件，文件最终路径为“/pages/community/article-details/article-details.vue”。

2. 搭建文章详情页结构

（1）设计图分析

根据文章详情页中内容相关度进行页面结构划分，理清页面结构，便于组件的封装与复用，以清晰的思维逻辑提升开发效率。以评论区上方的水平分割线为界，可将页面划分为上下两部分，上半部分为文章详情区域，下半部分为文章评论区域，如图 6-2 所示。

图 6-2　文章详情页结构分析

（2）代码实现

任务 5 中封装了导航栏组件，在本任务中将进行导航栏组件的复用。通过设计图可知，在商品详情页中存在样式相同的评论区，因此可将评论区域封装为组件，从而提高代码的可复用性。关键代码如下。

文件路径：/pages/community/article-details/article-details.vue

Template 部分

```
01. <template>
02.     <view class="article-details-page">
03.         <!-- 导航栏 -->
04.         <nav-bar title="文章详情" @load="handleLoadNav"></nav-bar>
05.         <scroll-view scroll-y="true" class="scroll-view-container": style=
    "{'height': viewHeight+'px'}">
06.             <view v-if="initState" class="article-details-container">
07.                 <!-- 文章详情区域 -->
08.                 <view class="article-content-container">
09.                     <!-- 文章相关信息部分 -->
10.                     <view class="head-container">
11.                     </view>
12.                     <!-- 文章主体部分 -->
13.                     <!-- 文章标题 -->
14.                     <view class="title-container">
15.                     </view>
16.                     <!-- 文章内容 -->
17.                     <view class="content-container">
18.                     </view>
19.                     <!-- 文章互动部分 -->
20.                     <view class="bottom-container">
21.                     </view>
22.                 </view>
23.                 <!-- 评论区域 -->
24.                 <common-comments></common-comments>
25.             </view>
26.         </scroll-view>
27.     </view>
28. </template>
```

名师解惑： title 为导航栏组件的 props 属性，通过给 title 传入标题值来达到设置标题的目的。

名师解惑： 该页面中的文章相关数据是通过后端接口动态获取的，在数据加载完之前，如果不做任何处理，那么页面中会显示大片空白和一些静态的标题文本，导致页面看起来不够美观。为了提升用户体验，可以通过 initState 变量控制文章在不同加载状态下显示或隐藏，文章未加载完成前 initState 值为 false，文章内容隐藏。

6.5.2 制作文章详情区域

文章详情区域的内容如图 6-2 所示，为了便于模块化开发，需要系统分析、科学划分、循序渐进，逐步培养系统化编程思维。文章发布者的头像、昵称，以及对发布者的关注状态、文章发布时间都属于文章的相关信息，可将它们划分为文章相关信息部分；文章标题与文章内容属于文章的主体信息，可将它们划分为文章主体信息部分；转发、评论与点赞都属于文章的互动信息，可将它们划分为文章互动部分。以下分三部分完成文章详情区域的制作。

1. 制作文章相关信息部分

（1）设计图分析

文章相关信息部分是左右结构，如图 6-3 所示，左侧内容为文章发布者头像、昵称与文章发布时间，右侧内容为关注按钮。关注按钮具有未关注、已关注与互相关注三种状态，不同状态下的按钮样式也不相同。

图 6-3 文章相关信息部分结构分析

（2）代码实现

该部分内容的重点是关注按钮三种状态的切换，可以通过 v-if 条件判断指令实现，关键代码如下。

文件路径：/pages/community/article-details/article-details.vue

Template 部分

```
01. <template>
02. <view class="article-details-page">
03.   <!-- 导航栏 -->
04.   <nav-bar title="文章详情" @load="handleLoadNav"></nav-bar>
05.   <scroll-view scroll-y="true" class="scroll-view-container" :style="{'height':viewHeight+'px'}">
06.     <view v-if="initState" class="article-details-container">
07.       <!-- 文章详情区域 -->
08.       <view class="article-content-container">
09.         <!-- 文章相关信息部分 -->
10.         <view class="head-container">
11.           <view class="user-info">
12.             <!-- 文章发布者头像 -->
13.             <image class="user-avatar" :src="articleContent.user.avatar"></image>
14.             <view class="user-name-and-date">
15.             <!-- 昵称 -->
16.             <view class="user-name">
17.                 {{articleContent.user.userName}}
18.               </view>
19.               <!-- 文章发布时间 -->
20.               <view class="date">{{articleContent.article.createTime|formatDate('MM 月 dd 日')}}发布</view>
21.             </view>
22.           </view>
23.           <!-- 关注状态 -->
24.           <block v-if="userId !== articleContent.user.userId">
25.             <block v-if="articleContent.fansState">
26.               <view v-if="articleContent.mutualConcern" class="follow-on" @click="handleAttention">
   互相关注</view>
27.               <view v-else class="follow-on" @click="handleAttention">已关注</view>
28.             </block>
29.             <view v-else class="follow-off" @click="handleAttention"> +关注 </view>
30.           </block>
31.         </view>
32.         <!-- 省略其余代码 -->
33.       </view>
34.   </scroll-view>
35. </view>
```

```
36. </template>
```

JavaScript 部分

```
01. <script>
02. export default {
03.     data() {
04.       return {
05.           /* 省略其余代码 */
06.       }
07.     },
08.     methods: {
09.       /* 省略其余代码 */
10.       // 关注
11.       handleAttention() {
12.         if (this.articleContent.fansState == true) {
13.             uni.showModal({
14.                 title: '提示',
15.                 content: '是否取消关注',
16.                 success: (res) => {
17.                     if (res.confirm) {
18.                         this.articleContent.fansState = !this.articleContent.fansState
19.                     }
20.                 }
21.             });
22.         } else {
23.             this.articleContent.fansState = !this.articleContent.fansState
24.         }
25.       },
26.       /* 省略其余代码 */
27.     }
28. </script>
```

2．制作文章主体信息部分

文章主体信息部分为上下结构，上方为标题，下方为正文，正文中又包含文本和图片。

（1）代码实现

正文中的文字使用 text 组件展示，图片使用 image 组件展示。关键代码如下。

文件路径：/pages/community/article-details/article-details.vue

Template 部分

```
01. <template>
02. <view class="article-details-page">
03.   <!-- 头部导航栏 -->
04.   <nav-bar title="文章详情" @load="handleLoadNav"></nav-bar>
05.   <scroll-view scroll-y="true" class="scroll-view-container" :style="{'height':viewHeight+'px'}">
```

```
06.     <view v-if="initState" class="article-details-container">
07.             <!-- 文章详情区域 -->
08.             <view class="article-content-container">
09.                     <!-- 文章相关信息部分 -->
10.                     <!-- 省略其余代码 -->
11.                     <!-- 文章主体信息部分 -->
12.                     <!-- 文章标题 -->
13.                     <view class="title-container">
14.                         {{articleContent.article.title}}
15.                     </view>
16.                     <!-- 文章正文 -->
17.                     <view class="content-container">
18.                         <text>
19.                             {{articleContent.article.content}}
20.                         </text>
21.                         <view class="image-container" v-for="(item,idx) in aiticImage" :key="idx">
22.                             <image :src="item" mode="widthFix"></image>
23.                         </view>
24.                     </view>
25.                     <!-- 省略其余代码 -->
26.             </view>
27.     </view>
28.     </scroll-view>
29. </view>
30. </template>
```

（2）运行效果

运行效果如图 6-4 所示。

图 6-4　文章主体信息部分运行效果

3. 制作文章互动部分

（1）设计图分析

文章互动部分包含转发、评论和点赞三部分，每部分由图标和文字组成，如图 6-5 所示。点赞按钮具有未点赞和已点赞两种状态，未点赞状态下图标和文字为灰色，已点赞状态下图标为主题色。

图 6-5　文章互动部分结构分析

（2）代码实现

当单击点赞按钮时，通过 uni-icons 组件的 color 属性可以动态设置点赞图标颜色，同时点赞数据会进行相应的增减。关键代码如下。

文件路径：/pages/community/article-details/article-details.vue

Template 部分

```
01. <template>
02. <view class="article-details-page">
03.   <!-- 头部导航栏 -->
04.   <nav-bar title="文章详情" @load="handleLoadNav"></nav-bar>
05.   <scroll-view scroll-y="true" class="scroll-view-
    container" :style="{'height':viewHeight+'px'}">
06.     <view v-if="initState" class="article-details-container">
07.         <!-- 文章详情区域 -->
08.         <!-- 省略其余代码 -->
09.         <!-- 文章互动部分 -->
10.         <view class="bottom-container">
11.             <view>
12.                 <!-- 转发按钮 -->
13.                 <view>
14.                     <button class="share-btn" open-type="share" type=
    "primary">
15.                         <uni-icons class="icon" custom-prefix=
    "iconfont" type="icon-forward" color="#3fd3d1"
16.                             size="36rpx">
17.                         </uni-icons>
18.                     </button>
19.                 <text>{{articleContent.article.shareNum}}</text>
20.                 </view>
21.                 <!-- 评论按钮 -->
22.                 <view>
23.                     <uni-icons class="icon" custom-prefix="iconfont"
    type="icon-comment" color="#3fd3d1"
```

```
24.                                 size="36rpx">
25.                             </uni-icons>
26.                             <text>{{articleContent.article.commentNum}}</text>
27.                     </view>
28.                     <!-- 点赞按钮 -->
29.                     <view @click="handleLikeIt">
30.                             <uni-icons class="icon" custom-prefix="iconfont"
    type="icon-like"
31. :color="articleContent.likeStatus?'#3fd3d1':'#a2a2a2'" size="36rpx">
32.                             </uni-icons>
33.                             <text>{{articleContent.article.likeNum}}</text>
34.                     </view>
35.                 </view>
36.             </view>
37.             <!-- 省略其余代码 -->
38.         </view>
39.     </scroll-view>
40. </view>
41. </template>
```

名师解惑：使用三目运算符判断点赞状态，设置对应的十六进制颜色码，此处应注意运算符的结构与引号的嵌套。在程序编写中，严谨和规范都很重要，小细节往往决定大成败！

JavaScript 部分

```
01. <script>
02. export default {
03.   data() {
04.     return {
05.         /* 省略其余代码 */
06.     }
07.   },
08.   methods: {
09.     /* 省略其余代码 */
10.     // 文章点赞
11.         handleLikeIt() {
12.             this.articleContent.likeStatus = !this.articleContent.likeStatus;
13.             if (this.articleContent.likeStatus) {
14.                 this.articleContent.article.likeNum++
15.             } else {
16.                 this.articleContent.article.likeNum--
17.             }
18.         },
19.
20.     /* 省略其余代码 */
21.   }
22. </script>
```

（3）运行效果

运行效果如图 6-6 所示。

图 6-6　文章互动部分运行效果

6.5.3　制作评论区域

1．新建组件文件

在/components 目录下新建组件文件，文件命名为“common-comments”，勾选“创建同名目录”复选框，然后创建文件，文件最终路径为“/components/common-comments/common-comments.vue”。

2．制作评论标题与列表部分

（1）设计图分析

评论区是软件平台中常用的社交区域，对作品的积极评价、肯定与赞美是对他人劳动的尊重。本模块中评论分为一级评论和二级评论，每条评论为左右结构。左侧为评论者头像，右侧为评论相关信息，主要包括评论者昵称、身份标识、点赞按钮、评论内容、评论发布时间以及评论回复按钮。二级评论的结构与一级评论相同，宽度与一级评论相关信息部分宽度相同，二级评论默认折叠隐藏，单击“展开回复”按钮时显示。如图 6-7 所示。

a) 折叠二级评论

b) 展开二级评论

图 6-7　评论区域结构分析

当一级评论列表为空时，显示“暂无评论”图片。当二级评论列表为空时，不显示“展开回复”按钮。

（2）代码实现

当单击一级评论的回复按钮时，唤醒设备键盘并在输入框中默认显示被回复的评论者昵称，最多评论字数为 36。当评论发布时间在 3 分钟以内时，显示为“刚刚”；在一小时以内时，以分钟为单位显示；若超过 24 小时，则以天为单位显示。开发人员对细节的把握和处理可以有效增强页面美感，提升用户体验。当单击“展开回复”按钮时，每次展开三条二级评论，同时显示“收起”按钮。

当单击评论的点赞按钮时，点赞按钮样式改变，点赞数进行相应增减，参见下面的示例代码：

文件路径：/components/common-comments/common-comments.vue

Template 部分

```
01. <template>
02. <!-- 评论区 -->
03. <view class="comments-container">
04.   <!-- 省略其余代码 -->
05.   <!-- 有评论时 -->
06.   <block v-for="(item,index) in mainCommentsData.data" :key="item
    [props.commentId]">
07.     <!-- 一级评论 -->
08.     <view class="main-comments comment-container">
09.         <!-- 省略其余代码 -->
10.         <!-- 评论内容区域 -->
11.         <view class="comment-contet-container" @longtap=
    "handleRemoveComment(item,0)">
12.             {{item.content}}
13.         </view>
14.         <!-- 省略其余代码 -->
15.     </view>
16.   </block>
17. </view>
18. </template>
```

名师解惑：longtap 为长按事件，长按用户本人发表的评论时可以执行删除操作。

JavaScript 部分

```
01. <script>
02. export default {
03.   name: "common-comments",
04.   data() {
05.     return {
06.         /* 省略其余代码 */
07.     };
08.   },
09.   /* 省略其余代码 */
```

```
10.  methods: {
11.      /* 省略其余代码 */
12.      // 设置评论框内的提示信息
13.      handleReplyMainORChildComment(item, index) {
14.          let commentId = item.commentId;
15.          let name = item.userName
16.          this.commentId = commentId
17.          this.commentLevel = 1
18.          this.replayname = name
19.          // 记录索引
20.          this.commentIndex = index
21.          this.$nextTick(() => {
22.              this.inputFocus = true
23.              if (name) {
24.                  this.placeholder = `回复:${name}`
25.              } else {
26.                  this.placeholder = `请输入评论内容`
27.              }
28.          })
29.      },
30.      /* 省略其余代码 */
31.  },
32. }
33. </script>
```

名师解惑：当用户单击回复时，需要手动为 input 获取焦点，可以通过改变 inputFocus 布尔值控制 input 是否获取焦点。

$nextTick()方法可以使一些操作在 DOM 更新后立即执行。持续学习，不断扩展知识的广度与深度，可以获得更高的职业成就。

（3）运行效果

运行效果如图 6-8 所示。

a) 文章无评论

b) 文章有评论

图 6-8　评论区域运行效果

3. 制作发布评论部分

评论区域底部发布评论部分由单行文本输入框和发布按钮组成，在页面底部悬浮显示。

（1）代码实现

当单击发布评论输入框时，将唤醒设备键盘，此时需要将发布评论部分位置上移到键盘上方，避免键盘覆盖输入框。关键代码如下。

文件路径：/components/common-comments/common-comments.vue

Template 部分

```
01. <template>
02. <!-- 评论区 -->
03. <view class="comments-container">
04.    <!-- 省略其余代码 -->
05.    <!-- 输入框 -->
06.    <view class="comments-post-container" :style="{bottom:
   KeyboardPostion+'px'}">
07.        <view class="left-container">
08.            <view class="input-container">
09.                <input cursor-spacing="10px" type="text" v-model.trim=
   "textValue" @blur="handleBlur"
10.                    :focus="inputFocus" always-embed :adjust-position=
   "false" :placeholder="placeholder"
11.                    maxlength="36" @focus="handleFocus" />
12.            </view>
13.        </view>
14.        <!-- 省略其余代码 -->
15.    </view>
16. </view>
17. </template>
```

名师解惑：在 iOS 中唤醒键盘时会导致输入框被键盘覆盖，通过配置 input 组件的 adjust-position 属性为 false，当键盘弹起时，禁止自动上推页面，然后手动修改输入框以定位，解决覆盖问题。

开发人员在测试的时候一定要注意兼容性测试，以严谨的实践操作保证软件的预期效果，杜绝经验主义，预防和避免潜在隐患。

JavaScript 部分

```
01. <script>
02. export default {
03.    name: "common-comments",
04.    data() {
05.        return {
06.            /* 省略其余代码 */
07.        };
08.    },
09.    /* 省略其余代码 */
10.    methods: {
11.        /* 省略其余代码 */
```

```
12.     // 当 input 失去焦点时
13.     handleBlur() {
14.         this.inputFocus = false
15.         // 如果内容为空，则返回至一级评论发布状态
16.         let text = this.textValue;
17.         if (!text) {
18.             this.handleClearCommentStatus();
19.         }
20.         this.KeyboardPostion = 0;
21.     },
22.     /* 省略其余代码 */
23.   },
24. }
25. </script>
```

名师解惑：因为评论文章与回复文章评论使用的是同一个 input，所以需要在 input 失去焦点时添加一层判断机制来切换回复对象：当回复文章评论时，input value 值不为空，回复对象为“评论”；input value 值为空，回复对象切换为“文章”。

（2）运行效果

运行效果如图 6-9 所示。

图 6-9　发布评论部分运行效果

6.6　任务测试

任务测试见表 6-1。

表 6-1　任务测试

测试条目	是否通过
比对开发页面和设计图，核对字号、颜色、间距等设计参数	
各个子组件能够在文章详情页中正常展示页面效果	
单击返回按钮可返回上一级页面	
单击展开与收起按钮可实现二级评论显示状态的切换	
单击点赞图标按钮可实现样式切换	
单击关注按钮可实现样式切换	
单击转发按钮可实现转发页面的自定义信息设置	
评论发布时间能够以“刚刚”“分钟”“天”的形式展示	
单击评论输入框可唤醒键盘，实现输入框悬浮	

6.7 学习自评

学习自评见表 6-2。

表 6-2　学习自评

评价内容	了解/掌握
是否能够使用组件提升代码复用率	
能够使用 onShareAppMessage 方法实现转发页面的自定义信息设置	
能够使用 filters 过滤器实现日期和时间的格式化	
能够解决 iOS 系统中键盘唤醒后输入框被覆盖的问题	

6.8 课后练习

1. 选择题

（1）Vue 中的回调延迟方法是什么？（　　）

A．$set　B．$extend　C．$nextTick　D．$mixin

（2）Vue 中的过滤器可以用来做什么？（　　）

A．格式化日期和时间　B．实现组件复用

C．提高代码可读性　D．控制视图更新

（3）在 uni-app 中，input 组件的 adjust-position 属性有什么作用？（　　）

A．在键盘弹起时，决定是否自动上推页面　B．固定输入框大小

C．输入框中占位符的位置调整　D．输入框中文字的对齐方式调整

2. 填空题

（1）在 uni-app 中，使用________方法可以获取平台信息。

（2）在制作文章详情区域时，使用________属性可以控制文章加载状态的显示和隐藏。

3. 简答题

简述 uni-app 中组件复用的实现方法。

6.9 任务拓展

根据设计图，完成“二手”商品详情页面的制作，展示二手商品的详细信息和再利用价值，引导用户节约资源，践行绿色发展理念。页面效果如图 6-10 所示。

- 关注按钮需要实现未关注状态和已关注状态之间的样式切换。
- 商品图片需要实现轮播图效果。
- 复用评论区域组件，实现商品详情页中评论区域效果。

a) 商品介绍区域　　b) 商品评论区域

图 6-10 “二手”商品详情页面效果

任务 7 实现登录功能

7.1 任务描述

本任务将实现启嘉校园的用户登录功能，常见的用户登录方式有账号密码登录、手机号或邮箱登录、第三方平台（如 QQ、微信、微博等）账号登录、小程序授权登录等。由于启嘉校园是利用我国企业自主研发的跨平台应用框架 uni-app 开发的，具有“一套代码、多端发布”的优势，因此，为了兼容不同终端的登录，该应用最终选择账号密码登录和微信授权登录两种方式，分别面向 H5、安卓、iOS 端，以及小程序端。本任务以微信授权登录为例进行讲解。

7.2 任务效果

任务效果如图 7-1 所示。

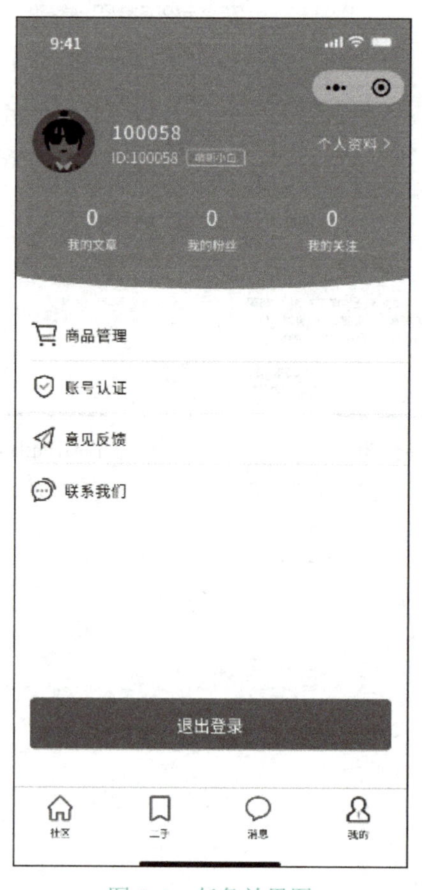

图 7-1　任务效果图

7.3 学习目标

素养目标

- 通过模块封装和本地存储，培养学习者良好的编码习惯，树立积累开发技巧的意识。
- 通过前、后端分离开发模式，培养学习者的团队合作精神和缜密思维习惯。
- 通过登录功能的开发，培养学习者的信息安全意识。
- 利用开发框架的技术优势，培养学习者的爱国情怀，推进文化自信自强。

知识目标

- 了解常用登录方式。
- 了解微信授权登录流程。
- 了解请求封装方法及其优点。
- 掌握如何使用 uni.request 方法进行接口调用。
- 掌握如何使用 Vue 实现后端数据绑定。
- 掌握登录方法 uni.login 的使用。
- 掌握本地缓存技术的使用。
- 掌握 uni-app 中条件编译的使用。
- 掌握 uni-app 中在页面显示生命周期函数 onShow 的使用。
- 掌握 uni-app 中获取当前应用实例方法 getApp 的使用。
- 掌握 uni-app 中 globalData 全局变量机制的使用。

能力目标

- 能够使用 uni-app 调用后端接口。
- 能够使用 uni.login 方法和后端登录接口实现微信授权登录功能。
- 能够使用本地缓存技术实现维护用户登录状态功能。
- 能够使用 uni-app 条件编译兼容小程序和 H5 端在登录方式与网络请求地址上存在的差异。

7.4 知识储备

7.4.1 HTTP 请求

HTTP（HyperText Transfer Protocol，超文本传输协议）是一套计算机通过网络进行通信的规则。通过 HTTP，可以使客户端（如 Web 浏览器）从服务端（如 Web 服务器）请求信息和服务。HTTP 遵循请求（Request）/应答（Response）模型，即客户端向服务端发送请求，服务端处理请求并返回应答，所有 HTTP 连接都被构造成一套请求和应答。

HTTP 的特点如下。

- HTTP 是无连接的：无连接的含义是限制每次连接只处理一个请求。服务器处理完客户的请求并收到客户的应答后，断开连接。这种方式可以节省传输时间。
- HTTP 是媒体独立的：这意味着，只要是客户端和服务器都知道如何处理的数据内容，就可以通过 HTTP 传输。客户端以及服务器指定适合的 MIME-type 类型来描述传输的内容。大多数 Web 浏览器都拥有一系列可配置的辅助应用程序，它们告诉浏览器应该如何处理 Web 服务器发送过来的各种类型的内容。
- HTTP 是无状态的：HTTP 是无状态协议。无状态是指协议对事务处理没有记忆能力。缺少状态意味着如果后续处理需要前面的信息，则它必须重传，这样可能导致每次连接传送的数据量增大。另外，在服务器不需要之前的信息时，它的应答较快。

1. 通信步骤

HTTP 通信步骤如图 7-2 所示。

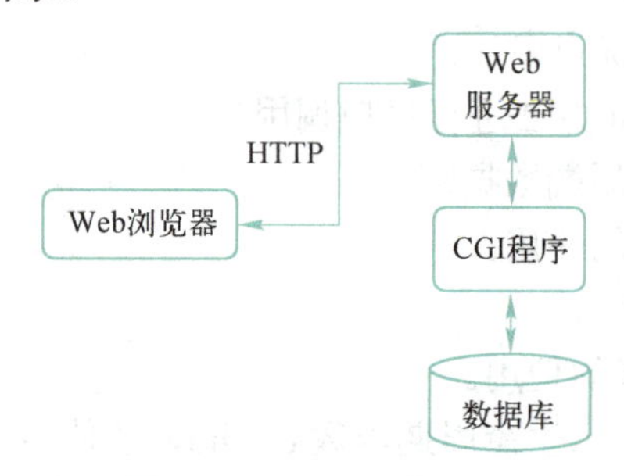

图 7-2　HTTP 通信步骤

在一次完整的 HTTP 通信过程中，Web 浏览器与 Web 服务器之间将完成下列 7 个步骤。

（1）建立 TCP 连接

在 HTTP 开始工作之前，Web 浏览器首先通过网络与 Web 服务器建立连接，该连接是通过 TCP 完成的。TCP 是 TCP/IP 协议族的重要组成部分，是一种可靠的传输层协议，Internet 就是基于 TCP/IP 协议族的。HTTP 是比 TCP 更高层次的应用层协议，根据规则，只有低层协议建立连接之后才能进行更高层协议的连接。因此，HTTP 想要正常工作，首先要建立 TCP 连接，其默认 TCP 连接的端口号是 80（可以进行修改）。

（2）Web 浏览器向 Web 服务器发送请求命令

一旦建立 TCP 连接，Web 浏览器就会向 Web 服务器发送请求命令。例如，GET/sample/hello.jsp HTTP/1.1。

（3）Web 浏览器发送请求头信息

浏览器发送请求命令之后，还要以请求头信息的形式向 Web 服务器发送一些与本次请求相关的信息，然后浏览器再发送一个空白行来通知服务器已经结束了头部信息的发送。

（4）Web 服务器应答

在客户端向服务器发送请求后，服务器会向客户端返回应答，即响应。例如，HTTP/1.1 200 OK。响应的第一部分是协议的版本号和应答状态码。

（5）Web 服务器发送应答头信息

正如客户端会随同请求发送关于自身的信息一样，服务器也会随同应答向用户发送关于服务器的数据及被请求的文档。

（6）Web 服务器向浏览器发送数据

Web 服务器向浏览器发送头部信息后，还会发送一个空白行来表示响应头信息发送结束。接着，它就以 Content-Type 应答头信息所描述的格式向客户端发送用户所请求的实际数据。

（7）Web 服务器关闭 TCP 连接

一般情况下，在 Web 服务器向客户端发送完应答数据之后，它就要关闭 TCP 连接。但是，如果浏览器或者服务器在其头信息加入 Connection:keep-alive 这行代码，TCP 连接会在应答信息发送后仍然保持连接状态，此时浏览器可以继续通过该连接发送请求。保持连接节省了为每个请求建立新连接所需的时间、服务器资源和网络带宽。

2. 请求方法

根据 HTTP 标准，HTTP 请求可以使用多种方法（见表 7-1）。HTTP 1.0 定义了三种请求方法：GET、HEAD 和 POST。HTTP 1.1 新增了五种请求方法：PUT、DELETE、CONNECT、OPTIONS、TRACE。其中常用的请求方法有 GET 和 POST。

表 7-1　HTTP 请求方法

方法	描述
GET	请求指定的页面信息，并返回实体主体
HEAD	类似于 GET 请求，只不过返回的响应中没有具体的内容，用于获取报头
POST	向指定资源提交数据进行处理的请求（如提交表单或者上传文件）。数据被包含在请求体中。POST 请求可能会导致新的资源的建立和/或已有资源的修改
PUT	从客户端向服务器传送的数据取代指定文档的内容
DELETE	请求服务器删除指定的页面
CONNECT	HTTP 1.1 协议预留的能够将连接改为管道方式的代理服务器
OPTIONS	允许客户端查看服务器的性能
TRACE	回显服务器收到的请求，主要用于测试或诊断

（1）消息结构

- 客户端请求消息：客户端向服务器发送的 HTTP 请求消息包括请求行（Request Line）、请求头部（Header）、空行和请求数据四个部分。
- 服务器响应消息：HTTP 响应消息也由四个部分组成，分别是状态行、消息报头、空行和响应正文。

（2）状态码

当用户访问一个网络资源时，客户端会向服务器发出请求。当服务器响应请求时，首先会返回一个包含 HTTP 状态码（HTTP Status Code）的信息头（Server Header）给客户端。

HTTP 状态码由 3 个十进制数字组成，第一个十进制数字定义了状态码的类型，分为五类：信息响应（100～199）、成功响应（200～299）、重定向（300～399）、客户端错误（400～499）和服务器错误（500～599）。

下面介绍常见的 HTTP 状态码。

- 200：请求成功。
- 301：资源（网页等）被永久转移到其他 URL。

- 404：请求的资源（网页等）不存在。
- 500：内部服务器错误。

（3）接口设计规范

在接口设计中存在一个被普遍认可和遵守的设计原则——RESTful 原则。它是由 Roy Felding 提出的，其核心是将 API 拆分为逻辑上的资源，这些资源被 HTTP 操作（GET、POST、PUT、DELETE）。RESTful 设计原则可以促使开发者更加规范地使用 HTTP。

- GET /tickets：获取 ticket 列表。
- GET /tickets/12：查看某个具体的 ticket。
- POST /tickets：新建一个 ticket。
- PUT /tickets/12：更新 ticket12。
- DELETE /tickets/12：删除 ticket12。

由此可以看出，使用 RESTful 设计原则的好处在于能够充分利用 HTTP 来实现对资源的创建（Create）、更新（Update）、读取（Read）和删除（Delete）操作。而这里只需要一个 /tickets，不再需要其他命名规则和 URL 规则，但有时需要使用复数来让 URL 更加规整。这会让 API 使用者更容易理解，对开发者来说也更容易实现。

- GET /tickets/12/messages：获取关于 ticket12 的 messages。
- GET /tickets/12/messages/5：获取关于 ticket12 的某个具体 messages。
- POST /tickets/12/messages：新建关于 ticket12 的 messages。
- PUT /tickets/12/messages/5：更新关于 ticket12 的 messages5。
- PATCH /tickets/12/messages/5：局部更新关于 ticket12 的 messages5。
- DELETE /tickets/12/messages/5：删除关于 ticket12 的 messages5。

7.4.2 uni-app 发送网络请求

uni-app 使用 uni.request 方法发送网络请求，在各个小程序平台运行时，网络相关的 API 在使用前需要配置域名白名单。uni.request 方法的参数说明见表 7-2。

uni-app 发送网络请求

表 7-2 uni.request 方法的参数说明

参数名	类型	是否必填	默认值	说明	支持的平台
url	String	是		开发者服务器接口地址	
data	Object、String、ArrayBuffer	否		请求的参数	
header	Object	否		设置请求的 header，header 中不能设置 Referer	App、H5 端会自动带上 cookie，且 H5 端不可手动修改
method	String	否	GET	其有效值平台支持信息详见表 7-3	
timeout	Number	否	60000	超时时间，单位为 ms	H5（HBuilderX 2.9.9+）、APP（HBuilderX 2.9.9+）、微信小程序、支付宝小程序
success	Function	否		收到向开发者服务器请求成功时返回的回调函数	
fail	Function	否		接口调用失败的回调函数	
complete	Function	否		接口调用结束的回调函数（调用成功、失败时都会执行）	

其中，method 参数可指定请求方法，其值必须为大写形式。每个平台支持的 method 有效值不同，详见表 7-3。

表 7-3　method 有效值平台支持信息

method	App	H5	微信小程序	支付宝小程序	百度小程序	字节跳动小程序、飞书小程序	快手小程序	京东小程序
GET	√	√	√	√	√	√	√	√
POST	√	√	√	√	√	√	√	√
PUT	√	√	√	×	√	√	×	×
DELETE	√	√	√	×	√	×	×	×
CONNECT	×	√	√	×	×	×	×	×
HEAD	√	√	√	×	√	×	×	×
OPTIONS	√	√	√	×	√	×	×	×
TRACE	×	√	√	×	×	×	×	×

success 参数指定请求成功后的回调函数，其返回参数说明见表 7-4。

表 7-4　success 返回参数说明

参数	类型	说明
data	Object、String、ArrayBuffer	开发者服务器返回的数据
statusCode	Number	开发者服务器返回的 HTTP 状态码
header	Object	开发者服务器返回的 HTTP Response Header
cookies	Array.<string>	开发者服务器返回的 cookies，格式为字符串数组

uni.request 方法的使用示例如下。

```
01. uni.request({
02.         url: 'https://www.example.com/request', // 仅为示例，并非真实接口地址
03.         data: {
04.                 text: 'uni.request'
05.         },
06.         header: {
07.                 'custom-header': 'hello' // 自定义请求头信息
08.         },
09.         success: (res) => {
10.                 console.log(res.data);
11.                 this.text = 'request success';
12.         }});
```

一个完整的应用软件，可能会涉及很多网络请求，为了便于管理、收敛请求入口、拦截请求和响应、处理请求和响应数据等，工程上推荐的做法就是将所有网络请求放到同一个源码文件中，即对网络请求进行封装。在启嘉校园项目中，大部分后端接口的请求参数都需要 token（仅在登录状态下才可调用），以及对接口响应状态码 code 进行处理，为了避免在每次网络请求时都做相同的传参或响应处理，对 uni.request 进行了二次封装，用来处理这些重复性操作。

7.4.3 应用生命周期函数

uni-app 支持应用生命周期函数，见表 7-5。

表 7-5 应用生命周期函数

函数名	说明
onLaunch	当 uni-app 初始化完成时触发（全局只触发一次）
onShow	当 uni-app 启动，或从后台进入前台时触发
onHide	当 uni-app 从前台进入后台时触发
onError	当 uni-app 报错时触发
onUniNViewMessage	对 nvue 页面发送的数据进行监听
onUnhandledRejection	对未处理的 Promise 拒绝事件监听函数
onPageNotFound	页面不存在监听函数
onThemeChange	监听系统主题变化

应用生命周期函数的使用示例如下。

```
01. <script>
02. // 只能在 App.vue 里监听应用的生命周期
03. export default {
04.   onLaunch: function() {
05.     console.log('App Launch')
06.   },
07.   onShow: function() {
08.     console.log('App Show')
09.   },
10.   onHide: function() {
11.     console.log('App Hide')
12.   }
13. }
14. </script>
```

注意事项：

- 应用生命周期仅可在 App.vue 中监听，在其他页面监听无效。
- 应用启动参数，可以通过 API uni.getLaunchOptionsSync 获取。
- 在 onlaunch 里进行页面跳转时，如果遇到白屏报错，则可参考https://ask.dcloud.net.cn/article/35942。
- 只有 onPageNotFound 页面实际已经打开（如通过分享卡片、小程序码）且发现页面不存在，才会触发，而 API 跳转不存在的页面时不会触发（如 uni.navigateTo）。

7.4.4 获取当前应用实例方法 getApp

getApp 方法用于获取当前应用实例，该实例一般用于获取 globalData，参见下面的示例代码：

```
01. const app = getApp()
02. console.log(app.globalData)
```

注意事项：

- 不要在定义于 App()内的方法中或调用 app 对象前调用 getApp 方法，可以通过 this.$scope 获取对应的 app 实例。
- 在通过 getApp 方法获取实例之后，不要私自调用应用生命周期函数。
- 在首页 nvue 中使用 getApp 方法不一定可以获取真正的 app 对象，为此提供了 const app = getApp({allowDefault: true})，用来获取原始的 app 对象，该对象可以用来在首页对 globalData 等进行初始化。

7.4.5　globalData 全局变量机制

小程序有 globalData，这是一种简单的全局变量机制。这套机制在 uni-app 里也可以使用，并且全端通用。

以下是在 App.vue 中定义 globalData 的相关配置。

```
01. <script>
02.         export default {
03.                 globalData: {
04.                         text: 'text'
05.                 }
06.         }
07. </script>
```

JavaScript 中操作 globalData 的方式：getApp().globalData.text = 'test'。

在应用 onLaunch 时，getApp 方法还不能调用，暂时可以使用 this.globalData 获取 globalData。

如果需要把 globalData 的数据绑定到页面上，则需要在页面的 onShow 生命周期函数里进行变量重赋值。

如果在 nvue 的 weex 编译模式下使用 globalData，由于 weex 生命周期不支持 onShow，那么可以监听 webview 的 show 事件来实现 onShow 效果，或者直接使用 weex 生命周期中的 beforeCreate 函数。但是，建议开发者使用 uni-app 编译模式，而不是 weex 编译模式。

globalData 是简单的全局变量，如果使用状态管理，请使用 vuex（main.js 中定义）。

任务 7 对应的完整知识储备见 https://book.change.tm/01/task7.html。

7.5　任务实施

7.5.1　微信授权登录

“启嘉校园”项目的微信授权登录流程为：当用户单击个人中心页中的“未登录”区域时，将弹出微信授权登录确认窗口；用户同意授权后，获取用户的匿名昵称和头像（自 2022 年 10 月 25 日起，微信小程序不再支持获取用户微信的真实昵称和头像，昵称统一返

回“微信用户”，头像统一返回灰色头像，以保护微信小程序用户的隐私）；授权成功后，实现用户登录；授权失败，弹出“当前网络繁忙，请稍后重试”模态框以进行提示。

当用户登录后，显示“退出登录”按钮，以及用户信息，包括用户的头像、昵称、ID 和成就徽章，其中用户的头像和昵称在微信授权时获取；用户 ID 由系统自动生成；用户成就徽章分为“优质博主”和“萌新小白”两种，默认徽章为“萌新小白”，当用户发布的文章超过 3 篇时，可获得“优质博主”徽章。

1. 逻辑分析

微信开放接口提供了可以用来登录微信小程序的微信授权登录方法，其流程如图 7-3 所示。

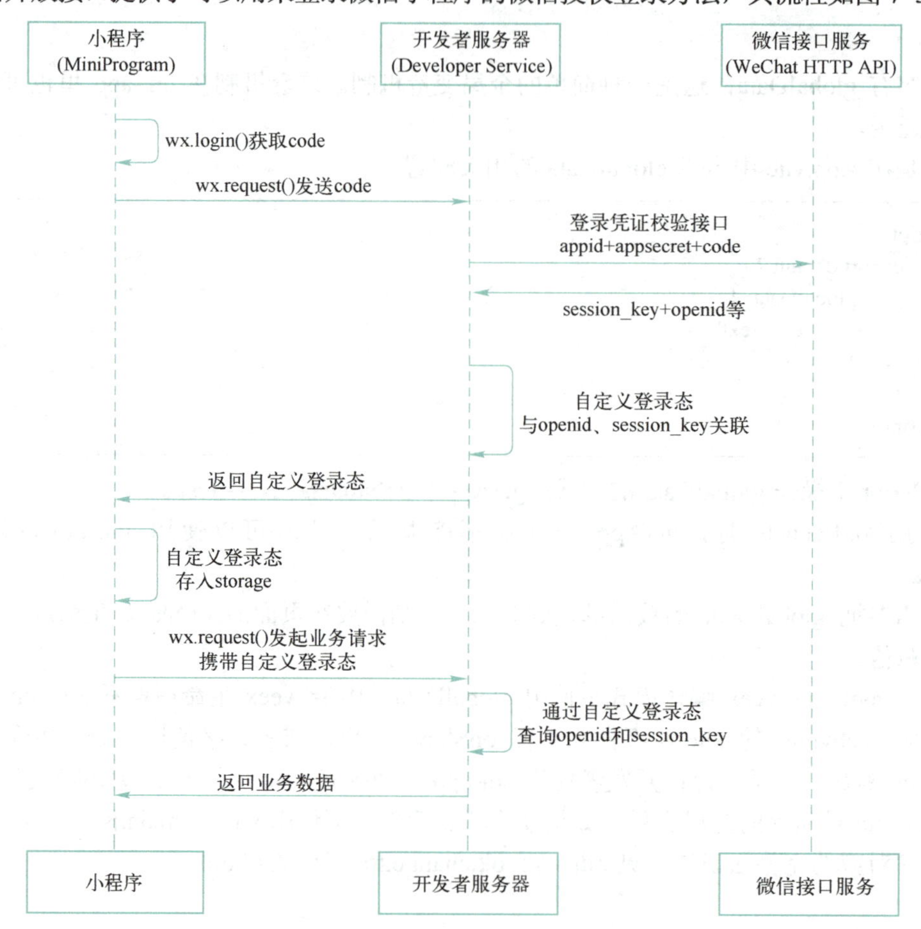

图 7-3　登录微信小程序的微信授权登录流程

微信授权登录需要在微信小程序、开发者服务器和微信接口服务三者之间进行交互，有着严谨的身份验证流程，开发者一定要遵守相关规则，确保小程序数据的安全性，具体流程如下。

1）在小程序端向微信接口服务发起授权登录请求，获取临时登录授权凭证 code。

2）前端开发者通过调用开发者服务器的登录接口，将 code 发送给开发者服务器。

3）开发者服务器在接收到 code 后，将 code 与项目的 appid 和 appsecret 一并发送给微信接口服务，微信接口服务收到这些信息后，会生成一个 session_key 和一个 openid 并返回给开发者服务器。

4）开发者服务器在接收到微信接口服务返回的 session_key 和 openid 后，会生成一个与 session_key 和 openid 关联的自定义登录态（一般为 token），这个自定义登录态便是用户的登录令牌。

5）开发者服务器将自定义登录态和登录后需要展示的用户基本信息返回给小程序端，小程序在接收到这些信息后便完成了微信授权登录流程。

2. 接口分析

想要实现登录功能，需要三个接口，分别为微信授权接口、后端登录接口和查询用户信息接口。其中微信授权接口 wx.login 由微信接口服务提供，为方便开发者使用，uni-app 将其封装到 uni.login 方法中（uni.login 方法使用文档见本任务对应的知识储备）。接口详情如下。

（1）用户登录接口

API 地址：{{HOST_API}}/account/login。

API 请求方式：POST。

API 请求：见表 7-6。

注意，API 地址中的“{{HOST_API}}”为一个常量，代表接口的服务地址，在项目准备部分已经将接口部署到本地，读者需要在/api/index.js 文件中将 HOST_API 值设置为本地部署的接口服务地址。

表 7-6　Body 请求参数

参数字段名	数据类型	说明
code	String	微信临时请求凭证

API 返回的响应数据见表 7-7。

表 7-7　API 返回的响应参数

参数字段名	数据类型	说明
success	Boolean	响应状态
code	Number	响应码
message	String	响应消息
data	Object	返回数据
data.user	Object	用户信息
data.user.userId	String	用户 id
data.user.id	Number	用户查询 id
data.user.userName	String	用户名
data.user.classId	String	班级 id
data.user.phoneNumber	Object	电话号码
data.user.fansNum	Number	“粉丝”数
data.user.sex	String	性别： 0 为保密； 1 为女性； 2 为男性
data.user.isDeleted	String	删除状态： 0 为可用； 1 为删除（删除后相关信息不可见）
data.user.avatar	String	头像地址
data.user.signature	String	个性签名
data.user.createTime	String	创建时间

（续）

参数字段名	数据类型	说明
data.user.updateTime	String	更新时间
data.user.token	String	认证令牌
data.user.badge	Number	成就徽章： 0 为萌新小白； 1 为优质博主

用户登录接口调用成功后，会返回表 7-7 中的响应数据，该数据结构符合 HTTP 响应字段的标准结构。其中 success 为响应状态，值为 true 或 false，代表接口请求成功或失败；code 为响应状态码，具体响应状态码见表 7-8；message 为响应消息，存储提示的文本信息；data 为一个响应对象，存储业务数据。

表 7-8 code 响应状态码

错误码	错误信息
-1	失败（此错误响应表明程序中发生了一个未知异常）
101	该用户不存在
102	该用户被禁用
103	用户权限异常
104	无效签名
105	token 过期
106	token 算法不一致
107	无效 token
108	两次密码不一致
109	该用户已注册
110	密码错误
301	添加数据失败
302	修改数据失败
303	删除数据失败
304	文件类型错误
305	密码错误
400	阅读量增加异常
401	请求参数异常
402	验证码错误
403	验证码已过期
404	3 分钟后可以重新申请验证码

由于接口响应数据较多，在书中不便于展示，因此后面任务的接口分析中将不再展示响应数据，读者可以在启嘉书盘的本书电子教材的接口文档中查看详情。

“启嘉校园”项目所有后端接口返回的响应状态码均可参考表 7-8。

（2）查询用户基本信息接口

API 地址：{{HOST_API}}/account/userInfo。

API 请求方式：GET。

API 请求：见表 7-9 和表 7-10。

表 7-9 Header 请求参数

参数字段名	数据类型	说明
token	Text	认证令牌

表 7-10 Query 请求参数

参数字段名	数据类型	说明
userId	Text	查询的用户 id

3. 代码实现

在实际开发中，一般会对网络请求进行封装，在封装方法中配置接口的请求地址、公共请求参数，以及添加接口响应状态的公共处理方法等，以便实现对请求和响应的管理与后期的维护、拓展。开发者应遵守行业规范，以模块化、组件化的编程思想，减少代码冗余，从而更适应未来工作的岗位需求。下面将网络请求封装到一个单独的文件中。

在根目录下创建名为“api”的目录，用于存放网络请求封装方法文件。在/api 目录下新建.js 文件，文件命名为“index”，文件最终路径为“/api/index.js”。编写网络请求封装代码，内容如下。

文件路径：/api/index.js

```
01. // 声明一个请求类
02. class Request {
03.     constructor(options = {}) {
04.         // 请求的根路径
05.         this.baseUrl = options.baseUrl || ''
06.         // 请求的 URL 地址
07.         this.url = options.url || ''
08.         // 请求方法
09.         this.method = 'GET'
10.         // 请求的参数对象
11.         this.data = null
12.         // header 为请求头
13.         this.header = options.header || {}
14.         this.beforeRequest = null
15.         this.afterRequest = null
16.     }
17.
18.     get(url, data = {}) {
19.         this.method = 'GET'
20.         this.url = this.baseUrl + url
21.         this.data = data
22.         return this._()
23.     }
24.
25.     post(url, data = {}) {
26.         this.method = 'POST'
```

```
27.         this.url = this.baseUrl + url
28.         this.data = data
29.         return this._()
30.     }
31.
32.     put(url, data = {}) {
33.         this.method = 'PUT'
34.         this.url = this.baseUrl + url
35.         this.data = data
36.         return this._()
37.     }
38.
39.     delete(url, data = {}) {
40.         this.method = 'DELETE'
41.         this.url = this.baseUrl + url
42.         this.data = data
43.         return this._()
44.     }
45.
46.     _() {
47.         // 清空 header 对象
48.         this.header = {}
49.         // 请求之前做一些事
50.         this.beforeRequest && typeof this.beforeRequest === 'function' &&
  this.beforeRequest(this)
51.         // 发起请求
52.         return new Promise((resolve, reject) => {
53.             let app = wx
54.             // 适配 uni-app
55.             if ('undefined' !== typeof uni) {
56.                 app = uni
57.             }
58.             app.request({
59.                 url: this.url,
60.                 method: this.method,
61.                 data: this.data,
62.                 header: this.header,
63.                 success: (res) => {
64.                     resolve(res)
65.                 },
66.                 fail: (err) => {
67.                     reject(err)
68.                 },
69.                 complete: (res) => {
70.                     // 请求完成以后做一些事情
71.                   this.afterRequest && typeof this.afterRequest==='function' && this
72.                         .afterRequest(res)
73.                 }
74.             })
75.         })
```

```
76.     }
77. }
78. // 创建请求实例
79. const $http = new Request()
80.
81. // #ifdef MP-WEIXIN
82. const BASE = 'http://127.0.0.1:8001
83. // #endif
84.
85. // #ifdef H5
86. const BASE = '/api';
87. // #endif
88.
89. $http.baseUrl = `${BASE}/ym_server`
90.
91. export const HOST_URL = $http.baseUrl;
92. export const WS_URL = `wss://${BASE}/ws/`;
93. // 请求开始之前做一些事情
94. $http.beforeRequest = function(options) {
95.     let user = uni.getStorageSync("userObj");
96.     if (user) {
97.         const token = JSON.parse(user).token;
98.         options.header = {
99.             'token': token,
100.        }
101.    }
102. }
103. // 请求完成之后做一些事情
104. $http.afterRequest = function() {
105.     uni.hideLoading()
106. }
107. // 判断请求类型并进行请求
108. async function request(obj) {
109.     let res;
110.     if (obj.method == "get") {
111.         res = await $http.get(obj.url, obj.data)
112.     } else if (obj.method == "post") {
113.         res = await $http.post(obj.url, obj.data)
114.     } else if (obj.method == "put") {
115.         res = await $http.put(obj.url, obj.data)
116.     } else if (obj.method == "delete") {
117.         res = await $http.delete(obj.url, obj.data)
118.     }
119.     if ([107, 105].includes(res.data.code)) {
120.         uni.hideTabBar();
121.         uni.clearStorageSync();
122.         uni.switchTab({
123.             url: "/pages/my/my"
124.         });
125.         return res;
```

名师解惑： 统一配置接口请求地址，并通过条件编译兼容微信小程序和 H5 端的请求地址配置的差异。

名师解惑： 从本地读取 token，并统一封装到网络请求 Header 中。

名师解惑： 对网络请求响应码进行拦截，根据响应码做出相应业务逻辑处理。

```
126.    }
127.    return res;
128. }
129. // 暴露请求方法
130. export default request
```

在完成网络请求封装后，便可引入该模块以编写用户登录接口和查询用户信息接口的调用方法，同样为了方便管理，将同一页面或组件中所有接口的调用方法编写到同一个文件中，使代码整体结构清晰、代码复用性高且易于后期维护，从而养成良好的职业习惯。

在/api 目录下创建名为“my”的目录，用于存放个人中心页接口调用方法文件。在/api/my 目录下新建.js 文件，文件命名为“my”，文件最终路径为“/api/my/my.js”。编写调用用户登录接口和查询用户信息接口的方法，代码如下。

文件路径：/api/my/my.js

```
01. // 引入网络请求方法
02. import request from "@/api/index.js"
03.
04. // 用户登录
05. export function postLoginApi(data) {
06.         return request({
07.                 url: "/account/login",
08.                 method: "post",
09.                 data
10.         })
11. }
12. // 查询用户信息
13. export function getUserInfo() {
14.     return request({
15.         url: "/account/userInfo",
16.         method: "get"
17.     })
18. }
```

在个人中心页面引入接口调用方法，用户执行登录操作后，首先通过 uni.login 获取微信授权码 code，然后通过 uni.getUserProfile 获取用户信息，将 code 和用户信息作为参数来调用登录接口请求方法，以便获取登录令牌 token，最后将 token 作为参数来调用查询用户信息接口请求方法，以便获取用户头像、昵称等信息。

实现微信授权登录业务逻辑，关键代码如下。

文件路径：/pages/my/my.vue

```
01. <script>
02.   import {
03.       postLoginApi,
```

名师解惑：使用 import 引入登录接口调用方法，在 uni-app 中，“@”指向项目根目录。

```
04.         getUserInfo
05.     } from "@/api/my/my.js"
06. /* 省略其余代码 */
07.     export default {
08.     /* 省略其余代码 */
09.         onShow() {
10.             this.handleGetRelation();
11.             // getApp().globalData.getUser();
12.             // if (getApp().globalData.login) {
13.                 // this.handleAfterLogin();
14.             // }
15.         },
16.     /* 省略其余代码 */
17.         methods: {
18.             // 用户登录后执行
19.             handleAfterLogin() {
20.                 this.getUserInfo();
21.             },
22.         /* 省略其余代码 */
23.             // 登录
24.             handleSubmitLogin() {
25.                 // #ifdef H5
26.                 uni.navigateTo({
27.                     url: '/pages/account/login'
28.                 })
29.                 // #endif
30.
31.                 // #ifdef MP-WEIXIN
32.                 uni.login({
33.                     success: (res) => {
34.                         this.loginObj.code = res.code
35.                     },
36.                     fail: () => {}
37.                 })
38.                 this.handlegetUserProfile();
39.                 // #endif
40.             },
41.             // 获取用户信息
42.             handlegetUserProfile() {
43.                 uni.getUserProfile({
44.                     desc: '此操作将获取用户信息',
45.                     success: async (res) => {
46.                         this.loginObj.avatar = res.userInfo.avatarUrl
47.                         this.loginObj.userName = res.userInfo.nickName
48.                         // 发送请求以获取用户数据
49.                         const {
50.                             data: result
51.                         } = await postLoginApi(this.loginObj);
52.                         // 登录成功和失败后的处理事件
53.                         if (result.success) {
```

此处要注意理清上述文件的调用关系，勤动脑、多动手，练好基本功，争做高水平软件开发者。

名师解惑： 在页面显示生命周期函数 onShow 中判断用户是否登录，若已登录，则执行登录成功后需要处理的事件，即执行 handleAfterLogin 方法（将在子任务 7.5.3 中详解，且在完成子任务 7.5.3 后取消此处代码注释）。

名师解惑： 在用户登录后，需要获取用户信息和用户数据，将对这些方法的调用编写到 handleAfterLogin 方法中以便统一调用执行。

名师解惑： 使用条件编译对 H5 平台和微信小程序平台登录方式做兼容处理，若为 H5 平台，则跳转至登录页面；若为微信小程序平台，则进行微信授权登录。

名师解惑： 调用登录请求方法 postLoginApi 以获取用户登录态 token。

```
54.                     this.userObj = result.data.user
55.                     // 将 token 写入本地缓存中
56. // getApp().globalData.setUser(result.data.user);
57.                     // 登录成功后执行的事件
58.                     this.handleAfterLogin()
59.                     // 显示底部导航栏
60.                     uni.showTabBar()
61.                 } else {
62.                     uni.showToast({
63.                         title: "登录失败",
64.                         icon: "none"
65.                     })
66.                 }
67.             },
68.             fail: (e) => {
69.                 console.log(e);
70.             }
71.         })
72.     },
73.     }
74. }
75. </script>
```

名师解惑： 在登录成功后，将 token 写入本地缓存中（将在子任务 7.5.3 中详解，且在完成子任务 7.5.3 后取消此处代码注释）。

7.5.2 获取用户个人数据

在用户登录后，个人中心页将显示用户发布的文章、关注的用户和拥有的“粉丝”数量，分别对应页面中的“我的文章”“我的关注”和“我的粉丝”。因为我们还未实现用户发布文章和关注相关功能，所以完成本任务后个人中心页显示的文章、关注和“粉丝”数量均为 0。

1. 逻辑分析

用户登录接口调用成功后获取用户个人数据，相关逻辑如下。

1）调用后端接口以获取用户文章、关注和“粉丝”数量。

2）将获取的数据赋给 Vue 数据对象中对应属性。

3）在用户退出登录后，将 Vue 数据对象中对应属性重新赋值为 0。

分析时一定要注意登录和退出操作的闭环管理，即用户登录态和本地数据存储的管理。登录后用户态的表达方式、本地存储的数据、页面元素绑定的值这些数据在用户退出后都要清除和初始化，否则会发生用户状态与页面显示内容不一致的问题。开发过程中一定要保持思路清晰，必要时可借助流程图、思维导图、小组讨论等多种方式来完善编程逻辑。

2. 接口分析

用户文章、关注和“粉丝”相关数据通过“查询用户个人数据”后端接口获取，接口详情如下。

API 地址：{{HOST_API}}/user/num。

API 请求方式：GET。

API 请求：见表 7-11。

表 7-11　Header 请求参数

参数字段名	数据类型	说明
token	Text	认证令牌

3. 代码实现

在“/api/my/my.js”文件中，编写调用获取用户个人数据接口的方法，代码如下。

文件路径：/api/my/my.js

```
01. /* 省略其余代码 */
02. // 获取用户个人数据
03. export function getUserNumApi() {
04.     return request({
05.         url: "/user/num",
06.         method: "get"
07.     })
08. }
```

在“/pages/my/my.vue”文件，登录后执行的方法 handleAfterLogin 中调用获取用户个人数据的方法。关键代码如下。

文件路径：/pages/my/my.vue

```
01. <script>
02.     import {
03.         postLoginApi,
04.         getUserNumApi,
05.         getUserInfo
06.     } from "@/api/my/my.js"
07.     /* 省略其余代码 */
08.     export default {
09.     /* 省略其余代码 */
10.         onShow() {
11.             this.handleAfterLogin();
12.         },
13.     /* 省略其余代码 */
14.         methods: {
15.             // 用户登录后执行
16.             handleAfterLogin() {
17.                 this.handleGetUserNum()
18.                 this.getUserInfo();
19.             },
20.         /* 省略其余代码 */
21.             async handleGetUserNum() {
22.                 const {
23.                     data: result
```

```
24.             } = await getUserNumApi()
25.             if (result.success) {
26.                 this.headerNavList[0].num = result.data.communityData.articleNum
27.                 this.headerNavList[1].num = result.data.communityData.answerUserNum
28.                 this.headerNavList[2].num = result.data.communityData.fansNum
29.                 uni.showTabBar()
30.             }
31.         },
32.         handlePreviewAvatar() {
33.             if (this.userObj.id) {
34.                 uni.previewImage({
35.                     current: 0,
36.                     urls: [this.userAvatar]
37.                 })
38.                 return;
39.             } else {
40.                 this.handleSubmitLogin();
41.             }
42.         },
43.         },
44.     }
45. }
46. </script>
```

7.5.3 维护用户登录状态

维护用户登录状态分保持登录状态和退出登录，保持登录状态是指用户登录时间具有一定的时效性，用户登录后在有效期内重新打开小程序时无须重复登录；退出登录是指登录状态到期后自动退出登录或用户主动退出登录。登录令牌 token 用于判断用户的登录状态，因此可以通过维护 token 实现登录状态的维护。

1. 逻辑分析

由于登录令牌 token 是无状态的，因此不会保存在服务器端，只保存在客户端。可以通过本地缓存技术将 token 保存到客户端，需要使用 token 时，直接从本地缓存中读取。项目中大部分后端接口都需要登录后才可以进行调用，因此可以在调用后端接口时将 token 作为参数传递给服务器，用于服务器验证用户的登录状态。

在一些项目中，有些数据会频繁使用，为了方便前端开发者获取，以及避免因向后端服务器频繁发送请求而造成服务器资源浪费，同样可以使用本地缓存技术来将这些常用信息保存下来。这是开发中常用的技巧，更多的编码技巧和开发惯例还需要学习者多学习、多实践、多探究，以“三人行必有我师”的谦恭态度持续提升专业能力。

在本任务中，将 token 保存到本地缓存中，为了方便维护用户登录状态，相关逻辑如下。

1）在用户登录成功后，通过 uni.setStorageSync 将 token 写到本地缓存中。

2）在页面载入时，在 uni-app 的页面显示生命周期函数 onShow 中，通过 uni.getStorageSync 方法从本地缓存中读取 token，进行相关业务处理。

3）在用户退出登录时，通过 uni.setStorageSync 方法将 token 赋值为 Null，同时将存储

token、用户基本信息和用户个人数据的 Vue 数据对象清空，从而恢复到未登录状态。

2. 接口分析

token 的本地缓存读取使用 uni.setStorageSync 和 uni.getStorageSync 方法实现，无须后端接口支持，退出登录时从本地缓存中删除 token 即可。

3. 代码实现

维护用户登录状态存在于“启嘉校园”项目的多个页面中（例如，用户在未登录状态下不可以访问社区模块、商品模块及消息模块的相关页面），因此可以将这部分业务逻辑放到项目的入口文件“App.vue”中。关键代码如下。

文件路径：/App.vue

```
01. <script>
02.     let num = 0;
03.     import {
04.         WS_URL
05.     } from "@/api/index.js";
06.     export default {
07.         onLaunch: function() {
08.     // 将 token 写入本地缓存中
09.             this.globalData.setUser = (data = null) => {
10.                 if (data) {
11.                     uni.setStorageSync("userObj", JSON.stringify(data));
12.                     this.globalData.login = data.userId ? true : false;
13.                 } else {
14.                     uni.removeStorageSync("userObj");
15.                     this.globalData.login = false;
16.                 }
17.             };
18.     // 从本地缓存中读取 token
19.             this.globalData.getUser = () => {
20.                 let userInfo = uni.getStorageSync("userObj") || "{}";
21.                 userInfo = JSON.parse(userInfo);
22.             // 记录用户登录状态
23.                 this.globalData.login = userInfo.userId ? true : false;
24.                 return userInfo;
25.             };
26.             this.globalData.getUser();
27.
28.             // #ifdef MP-WEIXIN
29.             // 微信小程序端获取屏幕上的信息
30.             this.globalData.MenuButton =
    uni.getMenuButtonBoundingClientRect();
31.             // #endif
32.             // #ifdef H5
33.             // #endif
34.             // H5 端获取屏幕上的信息
```

名师解惑：在应用生命周期 uni-app 初始化函数 onLaunch 中，为全局变量 globalData 添加写入 token 到本地缓存（setUser）中和从本地缓存中读取 token（getUser）的方法，以及记录 token 值（userInfo）和用户登录状态（login）的属性，以便后续开发中使用。

```
35.         const {
36.           windowHeight
37.         } = uni.getSystemInfoSync();
38.         this.globalData.Sys = {
39.           windowHeight,
40.         };
41.         this.handlerInitWebsocket();
42.         uni.$on("socket", () => {
43.           this.handlerInitWebsocket();
44.         });
45.       },
46.
47.       onShow(options) {
48.         const {
49.           path
50.         } = options;
51.         // 未登录状态下隐藏底部导航栏，否则显示
52.         if (!this.globalData.login) {
53.           uni.hideTabBar();
54.         } else {
55.           uni.showTabBar();
56.         }
57.     // 若处于未登录状态且不在个人中心页，则跳转到个人中心页
58.         if (path != "pages/my/my" && !this.globalData.login) {
59.           uni.switchTab({
60.             url: "/pages/my/my",
61.           });
62.         }
63.       },
64.       methods: {
65.         /* 省略其余代码 */
66.       },
67.     };
68. </script>
```

名师解惑：需要注意 App.vue 中的 onShow、onHide 等生命周期函数为应用生命周期函数，其他 Vue 组件中的 onShow、onHide 等生命周期函数为页面生命周期函数，两种生命周期函数中存在一些同名的函数，但它们的用法和含义不同。知识学习不能浅尝辄止，应“穷理以致其知”。

在完成 token 的本地缓存读写方法后，即可取消子任务 7.5.1 中相关代码注释，此时在登录状态下重新打开小程序就会从本地缓存中读取 token，并判断是否需要重新登录。

用户登录状态的维护还需要实现用户退出登录，在用户单击“退出登录”按钮后，会从本地缓存中删除保存的 token 值。关键代码如下。

文件路径：/pages/my/my.vue

Template 部分

```
01. template>
02.     <view class="my-page" @touchstart="handlerTouchStart" @touchmove=
```

```
"handlerTouchMove" @touchend="handlerTouchEnd">
03.     <!-- 省略其余代码 -->
04.     <!-- 圆弧和功能列表部分 -->
05.     <view class="drag-content" :style="{transform: 'translateY
('+translateY+'rpx)',transition:transition}">
06.         <!-- 圆弧部分 -->
07.         <view class="arc-container"></view>
08.         <scroll-view scroll-y="true" class="scroll-container">
09.             <!-- 弧状区域 -->
10.             <!-- 退出登录 -->
11.             <view class="exit-container" v-if="userObj.id"
@click="handlerExitLogin">
12.                 <view class="exit-btn">
13.                     退出登录
14.                 </view>
15.             </view>
16.         </scroll-view>
17.     </view>
18.     <!-- 省略其余代码 -->
19.   </view>
20. </template>
```

名师解惑：为“退出登录”按钮绑定单击事件handlerExitLogin，根据userObj对象中的id属性是否为空来判断用户是否登录，不为空时显示“退出登录”按钮，否则隐藏。

JavaScript 部分

```
01. <script>
02.   import {
03.     postLoginApi,
04.     getRelationApi,
05.     getUserNumApi,
06.     getUserInfo
07.   } from "@/api/my/my.js"
08.   const wideValue = 50;
09.   /* 省略其余代码 */
10.   export default {
11.     data() {
12.       return {
13.         /* 省略其余代码 */
14.       },.
15.       methods: {
16.         /* 省略其余代码 */
17.         // 退出登录
18.         handlerExitLogin() {
19.           uni.showModal({
20.             title: '是否退出登录？',
21.             success: (res) => {
22.               if (res.confirm) {
23.                 getApp().globalData.setUser(null);
```

名师解惑：在success方法中，首先设置本地缓存中的token值为null，避免页面重新加载

```
24.                     this.userObj = {}
25.                     this.headerNavList.forEach(item => item.num = 0)
26.                     uni.hideTabBar()
27.                 }
28.             }
29.         })
30.     },
31.   }
32. }
33. }
34. </script>
```

时本地缓存中存在 token，为 userObj 和 headerNavList 赋值（清空数据），页面将恢复到未登录状态。

由于 token 有“无状态”的特点，从本地缓存中删除 token 并没有使 token 真正失效，可能会导致 token 被抓包工具利用，因此，从严格意义上来说，实现退出登录还需要在服务器端使 token 失效或添加其他权限验证，这是后端开发需要处理的，前端只需要保证在客户端删除 token。总之，开发一套高质量、高安全性的软件系统，需要设计工程师、算法工程师、前端和后端开发人员、测试人员等共同努力。在一个团队中，个人一定要服从组织安排、做好沟通协调，团队成员要坚定信心、同心同德，这样才能开发出成功的产品。

7.6 任务测试

任务测试见表 7-12。

表 7-12 任务测试

测试条目	是否通过
单击头像可以弹出微信授权登录窗口	
微信授权登录成功后，在个人中心页中展示用户的昵称、头像及成就徽章	
微信授权登录成功后，在个人中心页中展示用户的文章、关注及“粉丝”数量	
在用户退出登录后，个人中心页恢复到未登录状态	
在用户登录成功后，重新打开小程序个人中心页时仍处于登录状态	

7.7 学习自评

学习自评见表 7-13。

表 7-13 学习自评

评价内容	了解/掌握
是否了解常用登录方式	
是否了解微信小程序的微信授权登录流程	
是否了解前、后端分离开发模式及其优点	
是否了解 JWT 实现身份验证解决方案及其特点	

（续）

评价内容	了解/掌握
是否了解请求封装方法及其优点	
是否掌握使用 uni.request 方法进行接口调用	
是否掌握使用 Vue 实现后端数据绑定	
是否掌握登录方法 uni.login 的使用	
是否掌握本地缓存技术的使用	
是否掌握 uni-app 中条件编译的使用	
是否掌握 uni-app 中应用生命周期函数的使用	
是否掌握 uni-app 中获取当前应用实例方法 getApp 的使用	
是否掌握 uni-app 中 globalData 全局变量机制的使用	

7.8 课后练习

1. 选择题

（1）uni-app 发送网络请求的方法是（　　）。

A. uni.ajax　　B. uni.request

C. uni.http　　D. uni.post

（2）当 uni-app 从前台进入后台时，触发的应用生命周期函数是（　　）。

A. onShow　　B. onOut

C. onError　　D. onHide

（3）下列哪个选项不是本地缓存技术的使用场景？（　　）

A. 用户登录状态的维护　　B. 大量数据的处理

C. 网络请求的缓存　　D. 临时数据的存储和读取

2. 填空题

（1）使用______可以进行 uni-app 的条件编译，以兼容不同终端（如小程序和 H5）的登录方式和网络请求地址之间存在的差异。

（2）在 uni-app 中，使用______方法可以获取全局变量 globalData。

3. 简答题

简述使用 uni.login 方法实现在微信小程序中进行微信授权登录的步骤。

7.9 任务拓展

在掌握上述知识后，本节的巩固拓展任务参照图 7-4 和接口文档，分别实现“个人资料页”与“账号认证页”中修改个人资料功能和用户认证功能。“宝剑锋从磨砺出，梅花香自苦寒来”，我们将通过本节的巩固拓展任务，反复锤炼、牢固本节知识点，达到技艺精湛、岗位胜任的目标。

本节任务的具体要求：当用户打开个人资料页时，显示用户的头像、昵称、个人签名、ID、性别、手机号和微信号，其中用户 ID 不支持修改，其他内容均可修改。当用户打开账号认证页时，显示用户头像，以及用户认证的学校、院系、姓名和学号信息，其中用户头像不支持修改，其他内容均可修改。

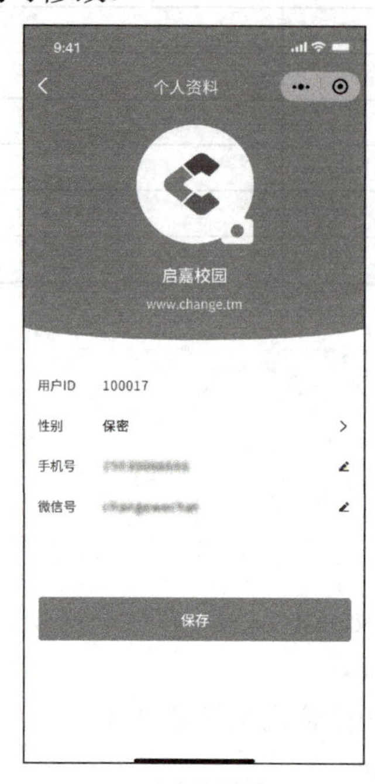

a) 个人资料页

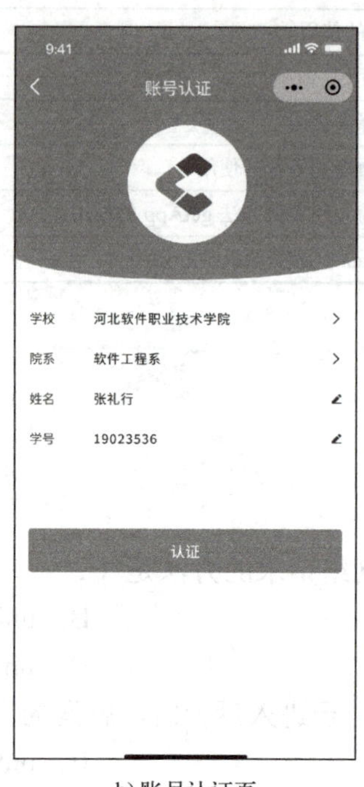

b) 账号认证页

图 7-4 “个人资料页”和“账号认证页”效果

任务 8 实现文章发布与文章列表分页功能

8.1 任务描述

本任务将实现启嘉校园社区模块的文章发布和文章列表分页功能。用户通过单击社区首页的文章发布快捷按钮可以进入文章发布页编辑和发布文章，文章发布成功后自动跳转回社区首页，用户新发布的文章在社区首页文章列表中置顶显示。社区首页文章列表分页方式采用的是移动端常用的“下拉刷新”和“上拉加载”，用户可以通过滑动文章列表刷新或查看更多文章。在开发过程中，功能实现的技术选型和方案设计一定要符合行业技术发展现状，发挥新技术优势，避免用过时的技术，这样才能让软件产品的生命力更持久。

8.2 任务效果

任务效果如图 8-1 所示。

图 8-1　任务效果图

8.3 学习目标

素养目标

- 通过对文件上传方法 uni.uploadFile 的学习，培养学习者乐于探究、勇于创新的精神。
- 通过完成“专业交流”版块的开发，增强学习者的职业认同感。
- 通过合理选择图片存储方式，树立学习者的服务意识。

知识目标

- 了解图片、视频等文件托管存储的优点和实现原理。
- 掌握 uni.uploadFile 方法的使用。
- 掌握 uni-app 页面通信方法的使用。

能力目标

- 能够使用 uni.uploadFile 方法实现图片上传功能。
- 能够使用组件通信方法在页面间传递数据。

8.4 知识储备

8.4.1 常见的分页方式

分页是在软件产品中以列表的形式呈现内容时经常使用的功能，当列表中的内容较多时，软件将分页加载不同的数据，如新闻列表分页、商品列表分页、图片列表分页等。而分页的种类多种多样，产品经理会根据列表内容和使用场景，设计一种偏向用户使用习惯、能够给用户带来友好交互体验的分页方式。下面将介绍目前比较常用的几种分页方式。

1. 瀑布流分页

瀑布流，又称瀑布流式布局，是比较流行的一种网站页面布局，视觉表现为参差不齐的多栏布局，随着页面滚动条向下滚动，这种布局还会不断加载并附加至当前尾部。瀑布流布局的探索性更强、操作体验更优。

（1）自动瀑布流

自动瀑布流分页多用于资讯类、社交类产品，快速浏览内容和发现内容的场景，瀑布流下方没有太多无关信息。其特点是当列表下滑到底部时会自动加载下一页，如微博的自动加载。

（2）手动瀑布流

当列表底部存在更多有价值的内容时，不适合自动加载下一页，这时需要用户手动触发“加载更多”事件，获取更多的内容。

（3）自动瀑布流和手动瀑布流相结合

如果用户长期关注并阅读某网站信息或者本身网站内容不是很多，前几次分页使用自动加载已经足够展示最近的信息，同时保证用户浏览的流畅，之后便可采用手动单击加载更多的形式，保证底部内容不被用户忽略。例如，pmtoo 网站采用的就是这种形式。

2. 常规数字分页

常规数字分页对内容的形式更具有控制感，有较强的检索功能，同时便于内容的快速定位，数据的直观展现。数字分页一般在列表内容相对固定或者比较重要，需要较强的检索能力时才使用。例如，后台管理系统中的信息列表、淘宝网的商品搜索展示列表等。数字分页的缺点是每次翻页都要单击，对于那些检索需求较弱的产品，比如朋友圈、微博等，不是特别友好。

（1）箭头和圆点分页

箭头和圆点分页通常用于展示型内容，在内容大小固定且内容较少时使用。这两种形式通常情况下会一起使用，箭头方便用户进行切换，圆点标识数量和当前的位置。例如，网站轮播图。

（2）下拉刷新和上拉加载

下拉刷新和上拉加载适用于移动端中的列表分页，效果与上文所讲的瀑布流分页相似，只不过触发条件从用户在 PC 端滚动鼠标滚轮变为在移动端滑动屏幕，当列表滑动触顶时，用户下拉会刷新列表第一页内容，当列表滑动触底时，用户上拉会加载列表下一页内容，当所有页加载完成时，列表底部提示用户无更多内容。

在实际产品设计中，可能会根据列表内容和使用场景并结合几种分页的优点来设计分页，以带来最佳的用户交互体验。启嘉校园项目属于移动端，内容检索性较弱，采用的便是下拉刷新和上拉加载的分页形式。

8.4.2　利用 uni.uploadFile 方法进行文件上传

文件上传是指将本地资源上传到开发者服务器中，uni-app 使用 uni.uploadFile 方法进行文件上传。在文件上传时，客户端要发起一个 POST 请求，其中 content-type 设为 multipart/form-data 类型。

文件上传时先获取上传资源的临时路径，如上传图片，先通过 uni.chooseImage 方法获取一个本地资源的临时文件路径，再通过 uni.uploadFile 方法将其上传到指定服务器中。

注意，在各个小程序平台运行时，网络相关的 API 在使用前需要配置域名白名单，这样才能执行文件的上传或读取操作。

uni.uploadFile 方法的参数说明见表 8-1。

表 8-1　uni.uploadFile 方法的参数说明

参数名	类型	是否必填	说明	支持的平台
url	String	是	开发者服务器 URL	
files	Array	是（files 和 filePath 任选其一）	需要上传的文件列表。在使用 files 时，filePath 和 name 不会生效	App、H5
fileType	String	见支持的平台说明	文件类型：image、video、audio	仅支付宝小程序支持，且必填
file	File	否	要上传的文件对象	仅 H5 支持
filePath	String	是（files 和 filePath 任选其一）	要上传文件资源的路径	

（续）

参数名	类型	是否必填	说明	支持的平台
name	String	是	文件对应的 key，开发者在服务端通过 key 可以获取文件二进制内容	
header	Object	否	HTTP 请求头部，头部中不能设置 Referer	
timeout	Number	否	超时时间，单位为 ms	H5（HBuilderX 2.9.9+）、APP（HBuilderX 2.9.9+）
formData	Object	否	HTTP 请求中其他额外的表单数据	
success	Function	否	接口调用成功时的回调函数	
fail	Function	否	接口调用失败时的回调函数	
complete	Function	否	接口调用结束时的回调函数（调用成功、失败时都会执行）	

注意事项如下。

- App 支持多文件上传，微信小程序只支持单文件上传，上传多个文件时需要重复调用本 API，所以跨端的写法就是循环调用 uni.uploadFile 方法。
- 在 App 平台上选择和上传非图像、视频格式文件时，可参考https://ask.dcloud.net.cn/article/35547。
- 网络请求的超时时间可以统一在 manifest.json 中配置：[networkTimeout](#networktimeout)。
- 利用支付宝小程序开发工具上传文件后返回的 HTTP 状态码为字符串形式，而支付宝小程序真机返回的状态码为数字形式，二者返回值类型不同。

1．files 参数

files 参数是一个 file 对象的数组，file 对象的结构见表 8-2。

表 8-2　file 对象的结构

参数名	类型	是否必填	说明
name	String	否	multipart 提交时，表单的项目名，默认为 file
file	File	否	要上传的文件对象，仅 H5 支持
uri	String	是	文件的本地地址

如果 name 不填或填入的值相同，则可能会导致服务端读取文件时只能读取到一个文件。success 返回的参数说明见表 8-3。

表 8-3　success 返回的参数说明

参数	类型	说明
data	String	开发者服务器返回的数据
statusCode	Number	开发者服务器返回的 HTTP 状态码

文件上传功能的实现，参见下面的示例代码。

```
01. uni.chooseImage({
02. success: (chooseImageRes) => {
03.     const tempFilePaths = chooseImageRes.tempFilePaths;
04.     uni.uploadFile({
05.         url: 'https://www.example.com/upload', // 仅为示例，非真实的接口地址
```

```
06.        filePath: tempFilePaths[0],
07.        name: 'file',
08.        formData: {
09.            'user': 'test'
10.        },
11.        success: (uploadFileRes) => {
12.            console.log(uploadFileRes.data);
13.        }
14.    });
15. }});
```

如果希望返回一个 uploadTask 对象，则需要至少传入 success、fail 和 complete 参数中的一个，如果没有上述参数，则会返回封装后的 Promise 对象。例如：

```
01. var uploadTask = uni.uploadFile({
02. url: 'https://www.example.com/upload',
03. complete: ()=> {}});
04. uploadTask.abort();
```

通过 uploadTask 对象，可监听上传进度变化事件，也可取消上传任务。

2．uploadTask 对象的方法列表

uploadTask 对象的方法列表见表 8-4。

表 8-4　uploadTask 对象的方法列表

方法	参数	说明
abort		中断上传任务
onProgressUpdate	callback	监听上传进度变化事件
onHeadersReceived	callback	监听 HTTP Response Header 事件。它会比请求完成事件更早，仅微信小程序平台支持
offProgressUpdate	callback	取消监听上传进度变化事件，仅微信小程序平台支持
offHeadersReceived	callback	取消监听 HTTP Response Header 事件，仅微信小程序平台支持

onProgressUpdate 返回的参数说明见表 8-5。

表 8-5　onProgressUpdate 返回的参数说明

参数	类型	说明
progress	Number	上传进度百分比
totalBytesSent	Number	已经上传的数据长度，单位为 B（字节）
totalBytesExpectedToSend	Number	预期需要上传的数据总长度，单位为 B

uploadTask 对象的使用，参见下面的示例代码。

```
01. uni.chooseImage({
02. success: (chooseImageRes) => {
03.    const tempFilePaths = chooseImageRes.tempFilePaths;
04.    const uploadTask = uni.uploadFile({
05.      url: 'https://www.example.com/upload',
```

```
06.     filePath: tempFilePaths[0],
07.     name: 'file',
08.     formData: {
09.         'user': 'test'
10.     },
11.     success: (uploadFileRes) => {
12.         console.log(uploadFileRes.data);
13.     }
14.   });
15.
16.   uploadTask.onProgressUpdate((res) => {
17.     console.log('上传进度' + res.progress);
18.     console.log('已经上传的数据长度' + res.totalBytesSent);
19.     console.log('预期需要上传的数据总长度' + res.totalBytesExpectedToSend);
20.
21.     // 测试条件，当上传进度大于 50 时，取消上传任务
22.     if (res.progress > 50) {
23.         uploadTask.abort();
24.     }
25.   });
26. }});
```

8.4.3 uni-app 页面间通信

自 HBuilderX 2.0.0 起，支持 uni.$emit、uni.$on、uni.$once、uni.$off 方法，使用这些方法可以方便地进行页面间通信，触发的事件都是 App 全局级别的，跨任意组件、页面、nvue、vue 等。

uni-app 页面间通信

1. uni.$emit(eventName,OBJECT)方法

触发全局的自定义事件，附加参数都会传递给监听器回调函数，参数说明见表 8-6。

表 8-6 uni.$emit 方法的参数说明

参数	类型	说明
eventName	String	事件名
OBJECT	Object	触发事件携带的附加参数

示例代码如下：

```
01. uni.$emit('update',{msg:'页面更新'})
```

2. uni.$on(eventName,callback)方法

监听全局的自定义事件，事件由 uni.$emit 触发，回调函数会接收事件触发函数的传入参数，参数说明见表 8-7。

表 8-7 uni.$on 方法的参数说明

参数	类型	说明
eventName	String	事件名
callback	Function	事件的回调函数

示例代码如下。

```
01. uni.$on('update',function(data){
02. console.log('监听到事件来自 update，携带参数 msg 为' + data.msg);
03. })
```

3. uni.$once(eventName,callback)方法

监听全局的自定义事件，事件由 uni.$emit 触发，但仅触发一次，在第一次触发之后移除该监听器，参数说明见表 8-8。

表 8-8 uni.$once 方法的参数说明

参数	类型	说明
eventName	String	事件名
callback	Function	事件的回调函数

示例代码如下。

```
01. uni.$once('update',function(data){
02.     console.log('监听到事件来自 update，携带参数 msg 为' + data.msg);
03. })
```

4. uni.$off([eventName,callback])方法

移除全局自定义事件监听器，参数说明见表 8-9。

表 8-9 uni.$off 方法的参数说明

参数	类型	说明
eventName	Array<String>	事件名，可选
callback	Function	事件的回调函数，可选

注意事项：

- 如果 uni.$off 没有传入参数，则移除 App 级别的所有事件监听器。
- 如果只提供了事件名（eventName），则移除该事件名对应的所有监听器。
- 如果同时提供了事件名与回调函数，则只移除这个事件回调的监听器。
- 提供的回调必须与$on 的回调为同一个才能移除这个回调的监听器。

任务 8 对应的完整知识储备见 https://book.change.tm/01/task8.html。

8.5 任务实施

8.5.1 发布社区文章

在文章发布页，用户可以编辑文章并发布，可编辑的文章内容有标题、正文、图片和话题，其中标题、正文和话题为必填项，标题最大长度为 16，正文最大长度为 500，标题和正文

内容不得包含敏感词汇；图片最多上传 9 张，单张图片大小限制为 2MB；话题分为“专业交流”和“表白墙”两种，用户可以选择其中一种；用户单击“发布”按钮后可验证文章内容是否合规，合规则发布文章，否则弹出违规提示，文章发布成功后返回社区首页。对发布文章的内容进行检查时，可以使用自定义的敏感词库，也可以调用微信小程序的安全检测接口，从而避免用户受不良信息的干扰和误导。维护小程序平台的安全和健康，营造合法合规、良好道德规范的网络环境，是每一位开发人员的职责。

1. 逻辑分析

文章内容大致可以分为三类，分别为文本（标题和正文）、图片和话题。对这三类内容进行编辑的逻辑如下。

1）文章标题和正文通过文本框进行编辑，可以使用 v-model 指令进行数据双向绑定，获取用户输入内容。

2）用户上传图片时使用 uni.chooseImage 获取相机和相册权限，然后调用后端上传图片接口将图片上传到服务器，上传前注意验证单张图片大小和图片总数是否超出限制，如果超出，则进行相应提示，上传成功后服务器向前端返回图片地址，前端将图片地址保存到图片数组中。

3）用户删除图片时调用后端删除图片接口，成功后将图片文件从服务器中删除，同时前端将被删除的图片地址从图片数组中删除。

4）用户可以选择的话题为“专业交流”和“表白墙”。通过“专业交流”，可以让大学生更好地认识本专业，达成专业认同的目标。通过“表白墙”，可以丰富大学生活，给予倾诉和交流的空间。通过接口获取数据并使用数组进行存储，用户选择的话题可以使用变量作为记录话题的索引。

用户发布文章时首先验证图片是否在上传中，若在上传中，则禁止发布文章，否则验证文章标题和正文文本字数是否超过限制以及是否插入话题，验证通过后调用后端发布文章接口。

2. 接口分析

想要实现发布文章功能，需要四个接口，分别为上传图片接口、删除图片接口、获取话题接口和发布文章接口，接口详情如下。

（1）上传图片接口

API 地址：{{HOST_API}}/article-image。

API 请求方式：POST。

API 请求：见表 8-10 与表 8-11。

表 8-10　上传图片接口时 Header 请求参数

参数字段名	数据类型	说明
token	Text	认证令牌

表 8-11　Body 请求参数

参数字段名	数据类型	说明
file	File	

（2）删除图片接口

API 地址：{{HOST_API}}/common/delete-file。

API 请求方式：POST。

API 请求：见表 8-12 与表 8-13。

表 8-12　删除图片接口时 Header 请求参数

参数字段名	数据类型	说明
token	Text	认证令牌

表 8-13　Body 请求参数

参数字段名	数据类型	说明
url	String	资源 URL 地址

（3）获取话题接口

API 地址：{{HOST_API}}/article-classify/topic-list。

API 请求方式：GET。

API 请求：见表 8-14。

表 8-14　Header 请求参数

参数字段名	数据类型	说明
token	Text	认证令牌

（4）发布文章接口

API 地址：{{HOST_API}}/IntactArticle。

API 请求方式：POST。

API 请求：见表 8-15 与表 8-16。

表 8-15　Header 请求参数

参数字段名	数据类型	说明
token	Text	认证令牌

表 8-16　Body 请求参数

参数字段名	数据类型	说明
familyId	String	文章类型 ID
title	String	文章标题
content	String	文章内容
imageLink	String	文章图片链接

3. 代码实现

由于图片上传功能在商品发布页也会使用，因此将图片上传功能封装成组件使用，新建名为“image-upload”的组件，文件最终路径为“components/image-upload/image-upload.vue”。

在/api 目录下创建名为“community”的目录，用于存放社区相关页面接口调用方法文件。在/api/community 目录下新建“publish-article.js”和“issue-community.js”文件。

在 publish-article.js 中，编写获取话题接口和发布文章接口的方法，代码如下。

文件路径：api/community/publish-article.js

```
01. import request from "@/api/index.js"
```

```
02.
03. // 获取话题列表
04. export function getTopicListApi() {
05.     return request({
06.         url: `/article-classify/topic-list`,
07.         method: 'get'
08.     })
09. }
10.
11. // 发布文章
12. export function postArticlesApi(familyId, articleTitle, articleContent, imgpath) {
13.     return request({
14.         url: '/IntactArticle',
15.         method: 'post',
16.         data: {
17.             "familyId": familyId,
18.             "title": articleTitle,
19.             "content": articleContent,
20.             "imageLink": imgpath
21.         }
22.     })
23. }
```

在 api/common/index.js 中，编写删除图片的方法，代码如下。

文件路径：api/common/index.js

```
01. import request from "@/api/index.js"
02. // 删除图片
03. export function removeImageApi(url) {
04.     return request({
05.         url: '/common/delete-file',
06.         method: 'post',
07.         data: {
08.             url: url
09.         }
10.     })
11. }
```

在上面代码中，没有编写调用上传图片接口的方法，这是因为图片属于文件类型，使用专门用来上传文件的 uni.uploadFile 方法进行上传更加方便。封装上传图片组件，关键代码如下。

文件路径：components/image-upload/image-upload.vue

```
01. <script>
02.     import {
03.         removeImageApi
```

```
04.     } from "@/api/common/index.js"
05.     import {
06.         HOST_URL
07.     } from "@/api/index.js"
08.     export default {
09.         name: "image-upload",
10.         data() {
11.             return {
12.                 // 最大上传数量
13.                 count: 9,
14.                 // 图片列表
15.                 imageList: [],
16.                 // 最新上传索引位置
17.                 imageUploadCurrent: 0,
18.                 // 当前上传状态，true 表示默认状态，false 表示有文件正在
                    // 上传中
19.                 status: true,
20.             };
21.         },
22.         mounted() {
23.             this.status = true;
24.         },
25.         methods: {
26.             // 选择图片
27.             handleUploadImage() {
28.             /* 省略部分代码 */
29.                 uni.chooseImage({
30.                     count: count,
31.                     sizeType: ['original', 'compressed'],
32.                     sourceType: ['camera', 'album'], //从相册中选择
33.                     success: (res) => {
34.                     /* 省略部分代码 */
35.                     // 完成图片数量和大小验证后调用图片上传方法
36.                         this.handleStartUpload(tempFilePaths);
37.                     },
38.                 });
39.             },
40.             // 图片上传
41.             async handleStartUpload(tempFilePaths) {
42.                 // 需要上传的图片总数
43.                 let imageCount = tempFilePaths.length;
44.                 let removeArr = [];
45.                 // 因为微信小程序不允许多文件上传，所以选择遍历执行单
                    // 文件上传方法
46.                 for (let index = 0; index < imageCount; index++) {
47.                     let item = tempFilePaths[index];
48.                     // 图片的临时地址
49.                     let path = item.path;
50.                     // 图片列表追加图片数据
51.                     this.imageList.push({
```

```
52.                     // 图片临时地址
53.                     localPath: path,
54.                     // 上传到服务器后的图片地址
55.                     url: '',
56.                     // 上传进度
57.                     percent: 0,
58.                 })
59.                         // 发送图片上传请求
60.                 this.reqUploadFile(path).then((res) => {
61.                         // 获取当前上传图片地址在图片数组列表中的索引
62.                     let index = this.imageList.findIndex(item => item.localPath
    == res.localPath);
63.                     if (res.state) {
64.                         this.imageList[index].url = res.url;
65.                     } else {
66.                         this.imageList.splice(index, 1);
67.                     }
68.                 })
69.             }
70.         },
71.         // 封装图片上传请求
72.         reqUploadFile(path) {
73.         //
74.             return new Promise((resolve) => {
75.                 // 开始上传
76.                 let uploadTask = uni.uploadFile({
                //接口地址
77.                     url: HOST_URL + "/user/uploadFile",
78.                     filePath: path,
79.                     name: 'file',
80.                     header: {
81.                         "token": getApp().globalData.getUser().token
82.                     },
83.                     formData: {
84.                         "file": 'tempFilePaths'
85.                     },
86.                     success: (uploadFileRes) => {
87.                         let res = JSON.parse(uploadFileRes.data)
88.                         if (res.success) {
89.                             let url = res.data.url;
90.                             resolve({
91.                                 state: true,
92.                                 url: "",
93.                                 localPath: path
94.                             });
95.                         } else {
96.                             // 上传失败
```

名师解惑： 使用 reqUploadFile().then()异步执行上传事件，对返回的结果进行处理，如果上传失败，则将该图片信息从图片列表数组中删除。

名师解惑： 将上传任务封装成一个 Promise 实例，以便在调用 reqUploadFile 方法时通过 then 方法异步执行来获取接口的响应结果。

名师解惑： 在调用 uni.uploadFile 方法时，在参数中加入 success、fail 和 complete 中任一回调函数，可以返回一个上传任务对象 uploadTask，通过该对象的 onProgressUpdate 方法，可以获取当前上传任务的进度，从而实现图片上传显示进度条或百分比的功能。深入研习知识，有助于提升开发效率与软件品质，增强未来岗位应对能力，此乃“积厚成器”之理。

```
97.                     resolve({
98.                         state: false,
99.                         url: "",
100.                            localPath: path
101.                        });
102.                    }
103.                },
104.                fail: () => {
105.                    // 上传失败
106.                    resolve({
107.                        state: false,
108.                        url: "",
109.                        localPath: path
110.                    });
111.                }
112.            });
113.            // 更新上传进度
114.            uploadTask.onProgressUpdate((res) => {
115.                let index = this.imageList.findIndex(item => item.localPath
== path);
116.                this.imageList[index].percent = res.progress;
117.            })
118.        })
119.    },
120.    // 预览图片
121.    handlePrevieimg(index) {
122.        uni.previewImage({
123.            current: index,
124.            urls: this.imageList.map((item) => {
125.                return item.url;
126.            }),
127.        });
128.    },
129.    // 删除图片
130.    handleRemoveImg(index) {
131.        uni.showModal({
132.            title: '删除',
133.            content: '确定删除该图片？',
134.            success: async (res) => {
135.                if (res.confirm) {
136.                    let url = this.imageList[index].url;
137.                    await removeImageApi(url);
138.                    this.imageList.splice(index, 1)
139.                    this.handleChangeEmit();
140.                }
141.            }
142.        });
143.    },
144.    // 上传回调事件
145.    handleChangeEmit() {
```

名师解惑：此时图片已经上传到服务器中，调用后端删除图片接口将文件从服务器中删除可以避免造成资源浪费，但是为了不违背用户删除图片的意愿，影响文章发布，无论后端删除图片接口返回的结果是否成功，前端都会将图片从图片列表数组中删除，满足用户需求，提升软件价值。

名师解惑：在图片删除成功后，调用 handleChangeEmit 方法，将最新的图片列表传递给父组件。

```
146.            let imagePaths = this.imageList.map((item) => {
147.              return item.url;
148.            })
149.            this.$emit('change', {
150.              data: imagePaths,
151.              status: this.status,
152.            });
153.          },
154.          // 提示
155.          handleShowToast(title) {
156.            uni.showToast({
157.              title: title,
158.              icon: "none"
159.            })
160.          }
161.        }
162.    }
163. </script>
```

在上传图片组件封装完成后，继续实现发布文章业务逻辑，在 publish-article.vue 中，分别调用 getTopicListApi 和 postArticlesApi 方法来获取话题列表与发布文章，关键代码如下。

文件路径：pages/community/publish-article/publish-article.vue

```
01. <script>
02.    import {
03.      getTopicListApi,
04.      postArticlesApi
05.    } from '@/api/community/issue-community.js'
06.    export default {
07.      data() {
08.        return {
09.          communityContent: {
10.            // 文章标题
11.            articleTitle: "",
12.            // 文章内容
13.            articleContent: "",
14.            // 文章标签 ID
15.            familyId: '',
16.            // 图片列表
17.            images: {
18.              // 图片列表数据
19.              data: [],
20.              // 上传状态
21.              status: true
22.            },
23.          },
24.          // 话题列表
```

```
25.            labelList: [],
26.          }
27.      },
28.      onLoad(e) {
29.          if (e.familyId) {
30.            this.communityContent.familyId = e.familyId;
31.          }
32.          this.handleQueryLabel()
33.      },
34.      methods: {
35.          // 监听图片上传状态
36.          handleUploadChange(e) {
37.            this.communityContent.images.data = e.data;
38.            this.communityContent.images.status = e.status;
39.          },
40.          // 获取话题
41.          async handleQueryLabel() {
42.            const {
43.              data: res
44.            } = await getTopicListApi()
45.            if (!res.success) {
46.              return;
47.            }
48.            let data = res.data.data;
49.            this.labelList = data;
50.            let find = data.find((item) => {
51.              return item.familyId = = this.communityContent.familyId
52.            });
53.            if (!find) {
54.              this.communityContent.familyId = '';
55.            }
56.          },
57.          // 选择标签
58.          handleSelectLabel(familyId) {
59.            this.communityContent.familyId = familyId
60.          },
61.          // 发布文章
62.          handleReleaseArticle() {
63.                          /* 省略部分代码 */
64.                          // 在完成文章内容验证后调用发布文章方法
65.            this.handlePostArticlesApi();
66.          },
67.                  // 封装发布文章请求
68.          async handlePostArticlesApi(){
69.            let {
70.              data: res
71.            } = await postArticlesApi(
72.              this.communityContent.familyId,
73.              this.communityContent.articleTitle,
74.              this.communityContent.articleContent,
```

名师解惑：使用数组的 find 方法，判断用户进入文章发布页前在社区首页中所选话题是否为“专业交流”或“表白墙”，如果是，则默认选中用户在社区首页中所选话题，否则不会选中任何话题。

```
75.                 this.communityContent.images.data
76.             );
77.             if (res.success) {
78.                 uni.showToast({
79.                     title: '文章发布成功',
80.                     icon: "none"
81.                 })
82.                 uni.$emit('article-update', {
83.                     familyId: this.communityContent.familyId,
84.                     data: res.data.article
85.                 })
86.                 uni.navigateBack();
87.             } else {
88.                 uni.showToast({
89.                     title: res.data.message,
90.                     icon: "none"
91.                 })
92.             }
93.         }
94.     },
95. }
96. </script>
```

名师解惑：使用 uni-app 页面通信方法 uni.$emit 将文章话题 ID 和文章数据传递给社区首页，实现子任务 8.5.2 中自动选中对应话题分类和用户刚发布文章的置顶显示功能。页面之间的通信是重点也是难点，认真理解代码逻辑并动手操作，方可知行合一、学以致用。

8.5.2 获取文章列表

用户发布的文章在社区首页以列表的形式呈现，文章列表分为综合推荐、我的关注、专业交流和表白墙四类，单击文章分类选项卡可以切换文章列表，文章列表默认展示第一页数据。当用户发布文章成功并返回社区首页时，文章列表中第一条显示用户刚发布的文章。

用户下拉文章列表到顶部时可刷新文章列表，上拉文章列表到底部时列表可加载下一页，分页加载中时列表底部显示“正在加载中”，所有页加载完成时列表底部显示“已加载全部内容”。

1. 逻辑分析

用户进入社区首页分为两种场景，一种为主动进入（直接打开或从其他页面单击底部导航栏跳转）社区首页，另一种为用户发布文章成功后自动返回社区首页，两种场景下文章列表渲染规则有所不同。这种不同恰恰体现了不同场景下用户的需求不同，软件进行严谨的逻辑设计才能满足用户的个性化需求，更好地服务用户。具体实现逻辑如下。

1）在用户主动进入社区首页时，文章分类导航栏默认选中“综合推荐”类，调用后端获取文章列表接口，获取“综合推荐”分类下第一页文章数据，然后赋值到文章列表数组中。

2）在用户发布文章后自动返回社区首页时，文章分类选项卡自动选中用户进入文章发布页时的文章类别，然后调用后端获取文章列表接口，获取当前分类下的第一页文章数据并赋值到文章列表数组中，同时将用户刚发布的文章移动到数组第一项。

实现下拉刷新、上拉加载功能

想要实现文章列表分页，可使用移动端常用的下拉刷新和上拉加载，相关逻辑如下。

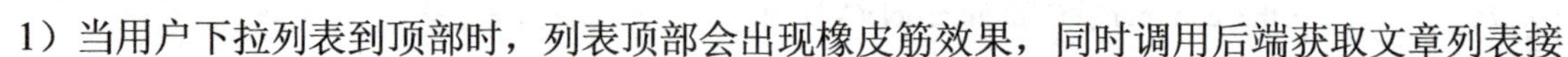

1）当用户下拉列表到顶部时，列表顶部会出现橡皮筋效果，同时调用后端获取文章列表接

口，获取当前分类下的第一页文章数据并赋值到文章列表数组中。下拉刷新本质上是获取最新的一页列表数据，即重新加载列表第一页数据。

2）当用户上拉列表到底部时，列表底部显示“正在加载中”，同时调用后端获取文章列表接口，获取当前分类下的下一页文章数据并赋值到文章列表数组中。当所有列表内容加载完成后用户再次上拉列表到底部时，列表底部显示“已加载全部内容”。

2. 接口分析

想要实现获取文章列表功能，需要两个接口，分别为获取文章分类接口和获取文章列表接口，接口详情如下。

（1）获取文章分类接口

API 地址：{{HOST_API}}/article-classify/label-list。

API 请求方式：POST。

API 请求：见表 8-17。

表 8-17　Header 请求参数

参数字段名	数据类型	说明
token	Text	认证令牌

（2）获取文章列表接口

API 地址：{{HOST_API}}/IntactArticle/:familyId。

API 请求方式：GET。

API 请求：见表 8-18～表 8-20。

表 8-18　Header 请求参数

参数字段名	数据类型	说明
token	Text	认证令牌

表 8-19　Query 请求参数

参数字段名	数据类型	说明
page	Text	页数

表 8-20　路径参数

参数字段名	数据类型	说明
familyId	String	分类 ID

3. 代码实现

在/api/community 目录下新建 community.js 文件，编写调用获取文章分类接口和获取文章列表接口的方法，关键代码如下。

实现文章分类自动选中功能

文件路径：api/community/community.js

```
01. import request from "@/api/index.js"
02. // 获取文章分类
```

```
03. export function getLabelList() {
04.     return request({
05.         url: `/article-classify/label-list`,
06.         method: "get",
07.     })
08. }
09.
10. // 获取文章列表
11. export function getArticleList(page, familyId) {
12.     return request({
13.         url: `/IntactArticle/${familyId}?page=${page}`,
14.         method: "get",
15.     })
16. }
```

uni-app 插件市场为开发者提供了很多项目中常用的组件，比如轮播图组件、图片上传组件、分页组件等。在开发时，为了提高开发效率，可以在能够实现业务需求的前提下直接选择使用插件市场中使用率较高的组件，除此之外，也可以自己封装组件。在开发中积累一些比较好用的组件或插件（无论是自己开发的还是插件库中的），为今后的项目开发做准备，能极大提高开发效率。

分页功能在很多包含列表的页面中都会用到，可以将其封装为组件，以便在遇到其他页面或项目的同类功能时使用。新建名为“custom-scroll-view”的组件，文件最终路径为“components/custom-scroll-view/custom-scroll-view.vue”。

分页组件本质上只处理下拉、上拉分页事件，以及负责展示列表数据，而不关心数据的获取，这样可以使组件更具通用性。封装分页组件，关键代码如下。

> 文件路径：components/custom-scroll-view/custom-scroll-view.vue
>
> Template 部分

```
01. <template>
02.     <view class="custom-scroll-view">
03.         <scroll-view scroll-y :show-scrollbar="false" :scroll-top='scrollTop' @scroll="handleScroll"
04.             @scrolltolower="handleScrolltolower" refresher-enabled @refresherrefresh="handleRefresher"
05.             :refresher-triggered="refresher_triggered" :refresher-threshold="120" refresher-background="#e8ebed">
06.             <slot :data="data"></slot>
07.             <view class="status-container">
08.                 <text v-if="data.reqStatus=='loading'">加载中</text>
09.                 <view v-else-if="data.reqStatus=='done'">
10.                     <view class="data-empty" v-if="data.dataStatus=='empty'">
11.                         <view class="empty__image">
12.                             <image src="/static/empty.png"></image>
13.                         </view>
14.                         <text class="empty__description">{{emptyText}}</text>
15.                     </view>
16.                     <text v-else-if="data.dataStatus=='no-more'">已全部加载完成</text>
17.                     <text v-else-if="data.dataStatus=='load-more'">上拉加载更多</text>
```

```
18.            </view>
19.         </view>
20.      </scroll-view>
21.   </view>
22. </template>
```

JavaScript 部分

```
01. <script>
02.    export default {
03.       name: "custom-scroll-view",
04.       props: {
05.          // 加载数据方法
06.          loadData: {
07.             default: () => {},
08.             type: Function
09.          },
10.          // 暂无数据
11.          emptyText: {
12.             default: "",
13.             type: String
14.          }
15.       },
16.       data() {
17.          return {
18.             scrollTop: 0,
19.             oldScrollTop: 0,
20.             // 自定义下拉刷新状态
21.             refresher_triggered: false,
22.             data: {
23.                // 数据列表
24.                data: [],
25.                // 当前请求的页数
26.                page: 1,
27.                // 总页数
28.                pages: 0,
29.                // 状态
30.                status: '',
31.             }
32.          };
33.       },
34.       mounted() {
35.          this.handleInit();
36.       },
37.       methods: {
38.          // 初始化
39.          handleInit() {
40.             this.$set(this, 'data', {
41.                // 数据列表
```

```
42.            data: [],
43.            // 当前页数
44.            page: 1,
45.            // 总页数
46.            pages: 0,
47.            // 请求状态：空为默认状态；loading 为加载中；done 为加载完成
48.            reqStatus: '',
49.            // 数据状态：no-more 为已获取全部数据；load-more 为未获取全部数据，默认状态；empty
               // 为数据为空
50.            dataStatus: 'load-more'
51.          })
52.        },
53.        // 滚动回调事件
54.        handleScroll(e) {
55.          let scrollTop = e.detail.scrollTop;
56.          // 将滚动位置与上次滚动位置一起传递给父组件
57.          this.$emit("scroll", {
58.            scrollTop: scrollTop,
59.            oldScrollTop: this.oldScrollTop
60.          });
61.          // 记录上一次的位置
62.          this.oldScrollTop = scrollTop
63.        },
64.        // 返回顶部
65.        handleScrollToTop() {
66.          this.scrollTop = this.oldScrollTop;
67.          this.$nextTick(() => {
68.            this.scrollTop = 0
69.          });
70.        },
71.        // 下拉刷新
72.        handleRefresher() {
73.          this.handleLoadData(true);
74.        },
75.        // 上拉加载
76.        handleScrolltolower() {
77.          this.handleLoadData(false);
78.        },
79.        // 加载数据，init 为 true 时表示下拉，为 false 时表示上拉
80.        async handleLoadData(init = false) {
81.          if (this.data.reqStatus == 'loading') {
82.            return
83.          }
84.          if (init) {
85.            // 加载首页，开启自定义下拉刷新，设置页数参数为 1
86.            this.refresher_triggered = true;
87.            this.data.page = 0;
88.          } else {
89.            // 在已获取全部数据或数据为空状态下，禁止加载下一页
90.            if (this.data.dataStatus != 'load-more') {
```

```
91.                 return;
92.             }
93.         }
94.         this.data.reqStatus = 'loading';
95.         // 设置状态为加载中
96.         let {
97.           success,
98.           data,
99.           pages
100.          } = await this.loadData.call(this.$parent, this.data.page + 1);
101.          // 因为作用域问题，所以使用 call 来改变作用域为父级实例
102.          if (success) {
103.            this.data.pages = pages;
104.            this.data.page++;
105.          }
106.          if (init) {
107.            // 首页加载，数据采用直接赋值方式
108.            this.data.data = data;
109.            this.refresher_triggered = false;
110.          } else {
111.            // 非首页加载，数据采用追加方式
112.            this.data.data.push(...data);
113.          }
114.          this.data.reqStatus = 'done';
115.          // 若当前页数小于总页数，则设置状态为 load-more
116.          if (this.data.page < this.data.pages) {
117.            this.data.dataStatus = 'load-more';
118.          }
119.          // 若当前页数大于或等于总页数且总页数不为 0，则设置状态为 no-more
120.          if (this.data.page >= this.data.pages && this.data.pages != 0) {
121.            this.data.dataStatus = 'no-more';
122.          }
123.          // 在首页加载时，若获取的数据列表内容长度为 0，则设置状态为 empty
124.          if (this.data.pages == 0) {
125.            this.data.dataStatus = 'empty';
126.          }
127.        }
128.      }
129.    }
130. </script>
```

在分页组件封装完成后，继续实现获取文章列表业务逻辑，在 community.vue 中，分别调用 getLogicalLabel 和 getArticleList 方法获取文章分类与文章列表数据，将文章列表数据传递给文章分页组件，关键代码如下。

文件路径：pages/community/community.vue

```
01. <template>
```

```
02.    <view class="contanier">
03.        <!-- 页头 -->
04.        <page-head
           url="/pages/community/search-details/search-details"></page-head>
05.        <!-- 选项卡 -->
06.        <tabs-component :data="navList" :active="active"
           @change="handleNavChange"></tabs-component>
07.        <!-- 文章列表 -->
08.        <block v-for="(itemData,index) in navList" :key="index">
09.            <view class="article-list-container" v-show="active == index">
10. <custom-scroll-view :loadData="handleLoadData" ref="listRef" @scroll=
'handleScroll' emptyText="暂无文章">
11.                <template v-slot="{data}">
12.                    <view class="article-list-content">
13.                        <view v-for="(item,idx) in
data.data" :key="item.intactArticleId" class="article-list-item">
14.                            <article-block :data="item">
15.                            </article-block>
16.                        </view>
17.                    </view>
18.                </template>
19.            </custom-scroll-view>
20.            </view>
21.        </block>
22.        <!-- 悬浮按钮 -->
23.        <suspension-button :isBackUp='isBackUp' @backup="handleBackUp"
@publish="handleJumpPublish"></suspension-button>
24.    </view>
25. </template>
26. <!-- refresher-background 为下拉背景色，默认为白色，在 H5 端有体
现，但在小程序端则为背景透明 -->
27. <script>
28.    import {
29.        getLogicalLabel,
30.        getArticleList
31.    } from "@/api/community/community.js";
32.    export default {
33.        data() {
34.            return {
35.                // 当前选中项
36.                active: 0,
37.                // 社区选项卡列表
38.                navList: [],
39.                // 是否显示返回顶部按钮
40.                isBackUp: false,
41.                // 当前滚动位置
42.                scrollTop: 0,
43.                // 滚动位置的延迟记录
44.                oldScrollTop: 0,
45.                // 临时数据
```

```
46.            tempData: null
47.         };
48.     },
49.     onShow() {
50.         this.handleGetLogicalLabel();
51.     },
52.     onLoad() {
53.         this.handleOn();
54.     },
55.     onUnload() {
56.         uni.$off('article-update');
57.     },
58.     methods: {
59.         // 监听滚动事件
60.         // isBackUp，当用户向下滑动后再向上滑动时，显示返回顶部按钮
61.         handleScroll({
62.             scrollTop,
63.             oldScrollTop
64.         }) {
65.             // 若上次滚动位置大于当前滚动位置，则表示页面正在向上滚动
66.             if (oldScrollTop > scrollTop) {
67.                 this.isBackUp = true;
68.             } else {
69.                 this.isBackUp = false;
70.             }
71.             // 进行优化，若当前滚动位置小于 10，则返回顶部按钮不显示
72.             if (scrollTop < 10) {
73.                 this.isBackUp = false;
74.             }
75.         },
76.         // 返回顶部
77.         handleBackUp() {
78.             let index = this.active;
79.             // 调用文章列表组件返回顶部方法
80.   this.$refs.listRef[index].handleScrollToTop();
81.         },
82.         // 导航栏单击切换
83.         handleNavChange(index, bool = false) {
84.             this.active = index;
85.             this.$nextTick(() => {
86. this.$refs.listRef[index].handleRefresher(bool);
87.             })
88.         },
89.         // 封装获取文章列表请求
90.         async handleLoadData(page) {
91.             let familyId = this.navList[this.active].id;
92.             let {
93.                 data: res
94.             } = await getArticleList(page, familyId);
95.             let data = {
96.                 data: res.success ? res.data.list.records : [],
```

```
97.                 pages: res.success ? res.data.list.pages : 0,
98.                 success: res.success
99.             };
100.            if (data.success && this.tempData) {
101.                let index = data.data.findIndex((item) => {
102.                    return item.intactArticleId = = this.tempData.intactArticleId;
103.                })
104.                if (index == -1) {
105.                    data.data.unshift(this.tempData);
106.                } else if (index > 0) {
107.                    data.data.splice(index, 1);
108.                    data.data.unshift(this.tempData);
109.                }
110.            }
111.            this.tempData = null;
112.            return data;
113.        },
114.        // 跳转到发布文章页
115.        handleJumpPublish() {
116.            let familyId = this.navList[this.active].id;
117.            uni.navigateTo({
118.                url: "/pages/community/publish-article/publish-article?
familyId=" + familyId
119.            })
120.        },
121.        // 获取话题列表
122.        async handleGetLogicalLabel() {
123.            let {
124.                data: res
125.            } = await getLogicalLabel();
126.            this.navList = res.data.articleFamily.map((item) => {
127.                return {
128.                    text: item.familyName,
129.                    id: item.familyId
130.                }
131.            })
132.            let data = [];
            // 综合推荐数据
133.            this.handleNavChange(this.active);
134.        },
135.        // 页面通信
136.        handleOn() {
137.            // 监听用户发布文章的信息
138.            uni.$on('article-update', (data) => {
139.                let familyId = data.familyId;
140.                let index = this.navList.findIndex(item => item.id ==
familyId);
141.                if (index > -1) {
142.                    this.tempData = data.data;
143.                    this.handleNavChange(index);
144.                }
```

名师解惑： 当用户发布文章成功并跳转回社区首页时，使用 tempData 属性记录用户刚发布的文章信息，然后使用数组的 findIndex 方法查询接口返回的文章列表数组中是否存在 tempData 对应的文章，如果存在，则将该项移动到文章列表数组的第一项，否则将 tempData 追加到文章列表数组中的第一项。

以勤能补拙的坚韧精神，不断探索新知识，精研数组内置方法，可提高开发效率，实现个人发展与提升。

名师解惑： 使用 uni-app 页面通信方法 uni.$on 监听获取用户发布文章的话题 ID 等数据，实现在社区首页里自动选中对应话题分类和用户刚发布文章的置顶显示功能。

此处是重点也是难点，学习者需要深入理解、反复练习，方能做到夯实基础，熟能生巧。

```
145.            })
146.        }
147.    },
148. };
149. </script>
```

8.6 任务测试

任务测试见表 8-21。

表 8-21 任务测试

测试条目	是否通过
进入文章发布页，文章话题根据跳转前上级页面的话题默认选中或不选中	
在发布文章时，对文章标题、正文字数进行校验，超出限制时会进行相应提示	
在上传图片时，对图片大小进行校验，超出限制时禁止上传	
在文章发布成功后，自动跳转到社区首页并打开对应话题下的文章列表，最新发布的文章置顶显示	

8.7 学习自评

学习自评见表 8-22。

表 8-22 学习自评

评价内容	了解/掌握
是否了解文件托管的优点和实现原理	
是否掌握 uni.uploadFile 方法的使用	
是否掌握 uni-app 页面通信方法的使用	

8.8 课后练习

1. 选择题

（1）在 uni-app 中，可以使用（　　）方法上传文件。

A．uni.uploadFile　　B．uni.downloadFile

C．uni.saveFile　　D．uni.loadFile

（2）uni-app 的文件上传支持（　　）类型文件。

A．仅支持图片文件　　B．支持图片、视频等文件

C．仅支持文本文件　　D．仅支持音频文件

（3）在 uni-app 中，（　　）方法仅能触发一次。

A．uni.on　　B．uni.one

C．uni.only　　D．uni.once

2．填空题

（1）启嘉校园项目文章列表分页方式是______。

（2）在 uni-app 中，可以使用______方法来监听文件上传进度。

3．简答题

简述 uni-app 中文件上传的基本流程。

8.9 任务拓展

1．知识拓展

（1）图片存储方案

一般情况下商城应用系统中都包括用户 PC 端、商家管理端、App 端、总后台管理端、小程序端等，在这些商城的应用中会存储很多图片，比如商品的图片、商品评价图片、客服聊天图片等。此时将面临一个问题：图片存储在什么地方？可以存储在自己的服务器上，还可以存储在其他云产品上，如阿里云的 OSS 和腾讯云的 COS。在决定选择哪种存储方式之前，首先需要了解不同存储方式的特点。

对于大部分人来说，存储在自己的服务器上的方式比较熟悉，其大概流程如下。

1）通过文件上传组件将图片文件利用 POST 请求方式发送到服务端。

2）服务端接收到上传的图片数据后，写入本地磁盘或分布式文件系统，将图片文件保存在特定文件夹中。

3）服务端在将图片原图保存成文件的同时，调用图片处理服务（如 ImageMagic）对原图进行裁剪、压缩等处理，生成需要的缩略图文件，和原图一并保存。

4）将原图和缩略图的文件路径信息保存在数据库中，供后续展示使用。

但是，如果将所有数据和文件都存储在自己的服务器上，则需要很多处理不同功能的服务器（见图 8-2）。

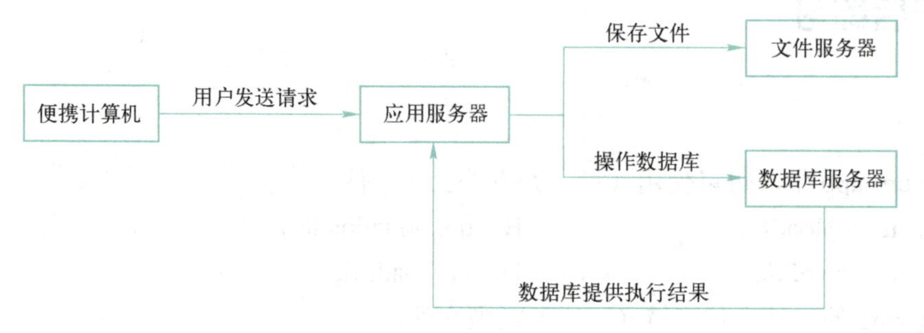

图 8-2　存储流程

- 应用服务器：负责部署用户的应用。

- 数据库服务器：运行用户的数据库系统。
- 文件服务器：负责存储用户上传文件的服务器。

使用这种方式，需要配置自己的高可用的文件系统，编写各种图片处理代码，可能会耗费大量时间，而且主要会存在以下几个问题。

- 当图片越来越多，并且访问量越来越大时，服务器需要更大的带宽和更高的配置，这会增加支出。
- 当图片越来越多时，需要自己建立专门的图片分布式存储系统，因为将图片放在一台服务器上，一方面可能引发并发访问限制问题，另一方面，如果服务器出现意外情况，就很容易导致图片丢失。
- 当拥有自己的图片存储系统后，需要做的事情会越来越多，因为自己在实现 OSS 和 COS，最后会演变成需要专人来维护这个系统。

（2）图片托管的优势

在将图片存储在 OSS 或 COS 等类似的托管平台上时，代码不会因为存储图片而变得越来越大，其好处是代码版本等容易控制，同时代码备份更容易，而且一般提供云存储的企业，都不会仅仅提供 OSS 或者 COS，还会提供其他很多有意义的产品，如 CDN。虽然将图片存储到了 OSS 或者 COS，但是仍然存在各地用户访问图片速度不一样的问题，有些地区可能很快，有些地区可能有点慢，有些地区可能非常慢，这个时候，就可以利用 CDN 产品来加速，使得各地用户访问图片都很快。

一般 OSS 或者 COS 还会提供访问控制、裁剪、水印等一系列功能，可以利用这些功能来实现一些业务需求，但如果用自己的服务器实现，就会耗费大量的 CPU 资源。

总之，如果存储图片少，就可以考虑存储在自己的服务器上；如果图片很多，且访问量很大，就可以考虑将图片进行托管存储。多学习、多了解行业新技术，可以使开发者为用户提供最佳的解决方案，用技术回馈社会，践行“技术为民，服务社会”的理念。

（3）利用 uni.downloadFile 进行文件下载

在下载文件资源到本地时，客户端会直接发起一个 HTTP GET 请求，响应结果中会返回文件的本地临时路径。

在各个小程序平台运行时，网络相关 API 在使用前需要配置域名白名单。在 H5 平台运行时，需要处理好跨域问题。OBJECT 参数和 success 返回的参数说明分别见表 8-23 与表 8-24。

表 8-23　OBJECT 参数说明

参数名	类型	是否必填	说明	支持的平台
url	String	是	下载资源的 URL	
header	Object	否	HTTP 请求头部，头部中不能设置 Referer	
timeout	Number	否	超时时间，单位为 ms	H5（HBuilderX 2.9.9+）、App（HBuilderX 2.9.9+）
success	Function	否	下载成功后以 tempFilePath 的形式传递给页面，res={tempFilePath: '文件的临时路径'}	
fail	Function	否	接口调用失败时的回调函数	
complete	Function	否	接口调用结束时的回调函数（调用成功、失败时都会执行）	
filePath	String	否	指定文件下载后存储路径（本地路径）	微信小程序（在 iOS 小程序中，将图片保存到相册时需要添加此字段才可以正常保存）

注：文件的临时路径，在应用本次启动期间可以正常使用，如果需要持久保存，则需要调用uni.saveFile将文件永久保存，这样才能在应用下次启动后访问到。

表 8-24　success 返回的参数说明

参数	类型	说明
tempFilePath	String	临时文件路径，下载后的文件会存储到一个临时文件中
statusCode	Number	开发者服务器返回的 HTTP 状态码

注意，对于网络请求的超时时间，可以统一在 manifest.json 中配置networkTimeout。

文件下载功能的示例代码如下。

```
01. uni.downloadFile({
02. url: 'https://www.example.com/file/test',
03. success: (res) => {
04.   if (res.statusCode === 200) {
05.     console.log('下载成功');
06.   }
07. }});
```

如果希望返回一个 downloadTask 对象，则需要至少传入 success、fail 和 complete 参数中的一个，如果没有传入 success、fail 或 complete 参数，则会返回封装后的 Promise 对象，参见如下示例代码。

```
01. var downloadTask = uni.downloadFile({
02. url: 'https://www.example.com/file/test',
03. complete: ()=> {}});
04. downloadTask.abort();
```

通过 downloadTask，可监听下载进度变化事件或者取消下载任务。相关方法和参数分别见表 8-25 与表 8-26。

表 8-25　downloadTask 对象的方法列表

方法	参数	说明
abort		中断下载任务
onProgressUpdate	callback	监听下载进度变化事件
onHeadersReceived	callback	监听 HTTP Response Header 事件，它会比请求完成事件更早，仅微信小程序平台支持
offProgressUpdate	callback	取消监听下载进度变化事件，仅微信小程序平台支持
offHeadersReceived	callback	取消监听 HTTP Response Header 事件，仅微信小程序平台支持

表 8-26　onProgressUpdate 返回的参数说明

参数	类型	说明
progress	Number	下载进度百分比
totalBytesWritten	Number	已经下载的数据长度，单位为 B
totalBytesExpectedToWrite	Number	预期需要下载的数据总长度，单位为 B

使用 downloadTask 监听下载进度变化事件和取消下载任务的示例代码如下。

```
01. const downloadTask = uni.downloadFile({
02. url: 'http://www.example.com/file/test',
03. success: (res) => {
04.    if (res.statusCode === 200) {
05.      console.log('下载成功');
06.    }
07. }});
08.
09. downloadTask.onProgressUpdate((res) => {
10. console.log('下载进度' + res.progress);
11. console.log('已经下载的数据长度' + res.totalBytesWritten);
12. console.log('预期需要下载的数据总长度' + res.totalBytesExpectedToWrite);
13.
14. // 若满足测试条件，则取消下载任务
15. if (res.progress > 50) {
16.    downloadTask.abort();
17. }});
```

2．功能拓展

参照设计图（见图 8-3）和接口文档，实现“二手首页”“商品发布”中的商品列表呈现、分类查看、排序选择和商品上传功能，具体实现逻辑如下。

a) 二手首页设计图　　b) 商品发布设计图

图 8-3 “二手首页”和“商品发布”设计图

- 选择商品图片时调用相应接口实现图片上传，删除时调用相应接口实现图片的删除。

- 发布商品时验证商品标题和商品描述长度，分别不能超过 16 和 500 个字符，如果超出，则对用户进行相应提示。发布成功后跳转到“二手首页”，在第一个位置展现用户刚发布的商品信息。
- 二手首页中的商品以瀑布流方式进行展示。
- 在二手首页中，可以根据“综合”“最新”“最热”排序规则进行不同方式的商品排序，“最新”排序规则为以发布时间的倒序排列，“最热”排序规则为以浏览量倒序排列。

任务 9 实现文章详情页相关功能

9.1 任务描述

本任务将实现启嘉校园社区模块文章详情页中的相关功能。用户通过单击社区首页文章列表中的文章卡片可以进入文章详情页。文章详情页需要实现的功能包括展示文章的标题、正文、作者、发布日期；展示文章获得的点赞、转发和评论数量以及评论列表；对文章进行评论、点赞和转发，也可以对其他用户发布的评论进行回复和点赞；关注或取关作者。

9.2 任务效果

任务效果如图 9-1 所示。

图 9-1　任务效果图

9.3 学习目标

素养目标

- 通过使用条件编译，解决多端兼容问题，树立学习者科学、系统解决问题的意识。
- 通过分享、点赞功能的实现，树立学习者尊重他人劳动成果、传播正能量的意识。

知识目标

- 了解 H5 端实现转发功能的方法。
- 掌握 uni.showLoading 和 uni.hideLoading（显示和隐藏加载状态）方法的使用。
- 掌握利用分割和拼接方式实现字符串与数组之间的转换。

能力目标

- 能够使用条件编译来兼容微信小程序端和 H5 端在转发功能实现上的差异。
- 能够使用 uni.showLoading 和 uni.hideLoading 方法分别实现显示与隐藏接口数据请求中的加载状态。
- 能够将图片地址字符串按指定字符分割成图片地址数组。

9.4 知识储备

开发评论区模块的目的在于提高产品活跃度和用户黏性，增加用户互动，营造良好社区氛围，从而打造社交关系、增强产品关系留存。

从用户的需求角度来看，对于评论区内容，作为动态发布者，可以了解他人对本人作品的评价，希望有所收获；作为动态消费者，可以发表见解或表达态度，希望获得反馈及认同。

9.4.1 评论区互动形式

在用户的互动形式维度上，可将“评论”分为以下三类。

（1）单向评论

在用户评论后，任何人均不可回复。偏向于让用户发表观点，但不希望用户产生互动，重心放在内容上面。不过，这种没有反馈机制的设计较难把握。

（2）双向评论

在用户评论后，仅作者可回复，强调作者与用户间的互动（如微信公众号），但互动性不强，引导用户基于内容进行评论，属于弱社交形态。

（3）多向评论

在用户评论后，任何人均可回复，且可多次互动（如微博、知乎等），互动性强，可以基于内容评论，也可以基于评论而评论，通常该类别下的评论区会相对其他类别活跃，属于强社交形态。

9.4.2　多向评论区展示结构

在目前主流产品中，常见的多向评论展示结构有：主题式、平铺式、盖楼式。

评论区互动形式与展示结构

1）“主题式”的特点为用户对正文内容发表的一级评论在上，他人的回复则折叠在下方。因为一级评论通常以热度的形式排列，所以“主题式”可使优质评论获得更多的曝光，更容易吸引其他用户查看并参与讨论，比如大家经常使用的短视频 App 基本采用的是主题式评论。

2）“平铺式”展示结构是评论和评论回复都处于同一个层级上，视觉上没有明显的层级区分。以朋友圈为例，在熟人社交圈子中，大家评论回复的层级是相同的，朋友圈的用户可以通过时间的先后顺序直接浏览；旧版知乎的精选评论页也为平铺式结构，当用户对某条精选评论感兴趣并进入详情页浏览时，从上往下依次阅读即可。

3）“盖楼式”如同字面意思，评论区用户之间的互动内容像在盖楼一样，一层层向下堆砌。应用盖楼式展示结构的典型例子是网易新闻——用户可以按照“楼层”依次向下浏览，虽然看的时候比较清晰，但因该结构比较复杂、所占面积较大，在移动端上屏效会相对较低，可能影响用户的阅读效率。

“启嘉校园”属于强社交形态，采用的是多向评论的互动形式，在展示结构上采用的是主题式。

9.5　任务实施

9.5.1　获取文章详情

获取文章详情包括获取文章的标题、正文、发布信息，以及文章的转发、评论、点赞数量，其中正文内容包含文本以及图片；发布信息包含作者的头像、昵称、关注状态和文章发布时间。

1. 逻辑分析

用户进入文章详情页分为三种场景。

1）通过社区首页中的文章列表进入。

2）通过搜索的文章列表进入。

3）通过用户中心的文章列表进入。

当用户单击文章列表中的文章卡片时，跳转到文章详情页，跳转时携带文章 ID，将文章 ID 作为参数调用相应后端接口，从而获取文章相关信息，然后利用数据绑定方式将相关信息呈现在页面对应位置上。

2. 接口分析

获取文章详情需要一个后端查询接口，接口名称为“获取文章详情”，接口详情如下。

API 地址：{{HOST_API}}/IntactArticle/details/:articleId。

API 请求方式：GET。

API 请求：见表 9-1 与表 9-2。

表 9-1　Header 请求参数

参数字段名	数据类型	说明
token	Text	认证令牌

表 9-2　路径请求参数

参数字段名	数据类型	说明
articleId	String	文章 ID

3. 代码实现

在/api/community 目录下新建 article-details.js 文件，编写调用获取文章详情接口的方法，关键代码如下。

文件路径：api/community/article-details.js

```
01. import request from "@/api/index.js"
02.
03. // 获取文章详情
04. export function getArticleContentApi(id) {
05.     return request({
06.         url: `/IntactArticle/details/${id}`,
07.         method: "get",
08.     })
09. }
```

在 article-details.vue 中，调用 getArticleContentApi 方法获取文章详情数据，关键代码如下。

文件位置：pages/community/article-details/article-details.vue

```
01. <script>
02.     import {
03.         // 获取文章内容
04.         getArticleContentApi,
05.     } from '@/api/community/article-details.js'
06.
07.     export default {
08.         data() {
09.             return {
10.                 // 文章 ID
11.                 articleId: '',
12.                 // 文章信息
13.                 articleContent: {},
14.                 // 当前用户 ID
15.                 userId: '',
```

```
16.             // 视图高度
17.             viewHeight: 0,
18.             // 评论数
19.             commentNum: 0,
20.             }
21.         };
22.     },
23.     onLoad(e) {
24.         // 从 URL 中获取文章 ID
25.         this.articleId = e.id;
26.         /* 省略其余代码 */
27.     },
28.     computed: {
29.         // 文章图片列表
30.         articleImageList() {
31.             let imageLink = this.articleContent && this.articleContent.
image && this.articleContent.image.imageLink ? this
32.                 .articleContent
33.                 .image.imageLink : "";
34.             return imageLink.split(';')
35.         }
36.     },
37.     methods: {
38.         /* 省略其余代码 */
39.         // 获取文章数据
40.         async handleGetArticleContent(id) {
41.             uni.showLoading();
42.             const {
43.                 data: res
44.             } = await getArticleContentApi(id)
45.             if (res.success) {
46.                 this.$set(this, 'articleContent', res.data.article)
47.             } else {
48.                 uni.showToast({
49.                     title: res.message,
50.                     icon: "none"
51.                 })
52.             }
53.             uni.hideLoading();
54.         },
55.     }
56. }
57. </script>
```

名师解惑：在接口返回的文章数据中，图片地址是以“;”符号分隔的字符串，因此需要通过 split 将字符串转换为数组，方可遍历展示。当然，图片地址之间的分隔符号需要在前、后端开发人员充分沟通、协商后确定。

名师解惑：在获取到文章数据前，为了避免页面出现空白数据值，可使用 uni.showLoading 方法显示加载中模态窗，获取到文章数据后可使用 uni.hideLoading 方法关闭加载中模态窗。

9.5.2 实现文章点赞、转发与关注作者功能

上面获取了文章详情数据并进行了展示，其中点赞、转发和作者的关注状态还可以进行交互操作。当用户单击文章点赞图标时，点赞图标由空心变为实心，点赞数量“+1”，取消点赞后点赞图标变回空

实现文章转发功能

心，点赞数量“-1”；当用户单击转发图标时，唤醒转发弹窗，同时文章转发数量“+1”；当用户单击作者头像右侧关注或已关注按钮时，可以对作者进行关注或取消关注操作。

1．逻辑分析

文章点赞、转发与关注作者功能的实现逻辑相似，都只需要先调用对应后端接口，然后对接口响应状态做出判断，相关逻辑如下。

1）文章点赞：用户单击点赞图标时，调用相应后端接口，接口响应状态为成功，切换点赞图标状态为“实心”或“空心”，同时点赞数量“+1”或“-1”。

2）文章转发：用户单击转发按钮时，使用 uni-app 转发组件触发转发事件，同时调用相应后端接口，接口响应状态为成功，转发数量“+1”。

3）关注作者：用户单击关注或已关注按钮时，调用相应后端接口，接口响应状态为成功，切换关注按钮文本为“已关注”或“关注”。

2．接口分析

实现文章点赞、转发与关注作者功能共需要三个接口，分别为文章点赞/取消点赞、转发文章和关注/取关用户接口，接口详情如下。

（1）文章点赞/取消点赞接口

API 地址：{{HOST_API}}/article-like/:articleId。

API 请求方式：POST。

API 请求：见表 9-3 与表 9-4。

表 9-3　Header 请求参数

参数字段名	数据类型	说明
token	Text	认证令牌

表 9-4　路径请求参数

参数字段名	数据类型	说明
articleId	String	文章 ID

（2）转发文章接口

API 地址：{{HOST_API}}/share/addShare。

API 请求方式：POST。

API 请求：见表 9-5 与表 9-6。

表 9-5　Header 请求参数

参数字段名	数据类型	说明
token	Text	认证令牌

表 9-6　Body 请求参数

参数字段名	数据类型	说明
articleId	String	文章 ID

（3）关注/取关用户接口

API 地址：{{HOST_API}}/fans/addFollow。

API 请求方式：POST。

API 请求：见表 9-7 与表 9-8。

表 9-7　Header 请求参数

参数字段名	数据类型	说明
token	Text	认证令牌

表 9-8　Body 请求参数

参数字段名	数据类型	说明
followUserId	Text	欲关注用户 ID

3．代码实现

在 article-details.js 中，编写调用文章点赞/取消点赞、转发文章和关注/取关用户接口的方法，关键代码如下。

文件路径：api/community/article-details.js

```
01. import request from "@/api/index.js"
02. /* 省略部分代码 */
03. // 文章点赞/取消点赞
04. export function postArticleThumbsUpApi(id) {
05.     return request({
06.         url: `/article-like/${id}`,
07.         method: "post"
08.     })
09. }
10.
11. // 文章转发
12. export function addShare(article_id) {
13.     return request({
14.         url: `/share/addShare`,
15.         method: "post",
16.         data: {
17.             articleId: article_id
18.         }
19.     })
20. }
21.
22. // 关注/取关用户
23. export function postUserFollowApi(uid) {
24.     return request({
25.         url: `/fans/addFollow?id=${uid}`,
26.         method: "post",
27.     })
28. }
```

在 article-details.vue 中，分别调用 postArticleThumbsUpApi、addShare 和 postUserFollowApi 方法实现文章点赞、转发与关注用户功能，关键代码如下。

文件位置：pages/community/article-details/article-details.vue

```
01. <script>
02.     import {
03.         // 获取文章内容
04.         getArticleContentApi,
05.         // 关注用户
06.         postUserFollowApi,
07.         // 文章转发
08.         addShare,
09.         // 文章点赞
10.         postArticleThumbsUpApi,
11.     } from '@/api/community/article-details.js'
12.
13.     export default {
14.         data() {
15.             return {
16.                 // 文章 ID
17.                 articleId: '',
18.                 // 文章信息
19.                 articleContent: {},
20.                 // 当前用户 ID
21.                 userId: '',
22.                 // 视图高度
23.                 viewHeight: 0,
24.                 // 评论数
25.                 commentNum: 0,
26.             };
27.         },
28.         /* 省略其余代码 */
29.         // 设置转发的信息（微信小程序）
30.         onShareAppMessage() {
31.             this.handleAddShare();
32.             return {
33.                 title: this.articleContent.title,
34.                 path:
    `/pages/community/article-details/article-details?id=${this.articleId}`,
35.                 imageUrl:
    `${this.articleImageList[0]?this.articleImageList[0]:'/static/logo/logo.png'}`
36.             }
37.         },
38.         methods: {
39.             /* 省略其余代码 */
40.             // 关注文章发布者
41.             handleAttention() {
42.                 let userId = this.articleContent.user.userId
43.                 // this.articleContent.fansState 为 true 表示已关注，为 false 则
                    // 表示未关注
44.                 if (this.articleContent.fansState == true) {
45.                     uni.showModal({
```

```
46.                     title: '提示',
47.                     content: '是否取消关注',
48.                     success: (res) => {
49.                         if (res.confirm) {
50.                             postUserFollowApi(userId).then((res) => {
51.                                 this.articleContent.fansState
    = !this.articleContent.fansState
52.                             })
53.                         }
54.                     }
55.                 });
56.             } else {
57.                 postUserFollowApi(userId).then((res) => {
58.                     this.articleContent.fansState = !this.articleContent.fansState
59.                 })
60.             }
61.         },
62.         // H5 端转发事件
63.         handleH5Share() {
64.             // 此处省略了 H5 端处理转发事件的相关代码，因为需要配
                // 置微信公众号转发 SDK，内容较多，故作为本任务的巩固
                // 拓展内容提供给读者学习
65.             this.handleAddShare();
66.         },
67.         // 增加转发数
68.         handleAddShare() {
69.             addShare(this.articleId)
70.             this.articleContent.article.shareNum++;
71.         },
72.         // 文章点赞
73.         async handleLikeArticle() {
74.             let {
75.                 data: res
76.             } = await postArticleThumbsUpApi(this.articleId)
77.             if (res.success) {
78.                 this.articleContent.likeStatus = !this.articleContent.likeStatus;
79.                 this.articleContent.likeStatus ?
    this.articleContent.article.likeNum++ : this.articleContent.article.likeNum--;
80.             }
81.         },
82.     }
83. }
84. </script>
```

名师解惑：本任务中的文章转发流程较为简单，当用户单击“转发”按钮后，无论是否真正进行了转发，都会调用后端转发接口来执行转发数量+1操作。而在一些产品中（如把转发当做用户任务），会严格监听用户转发操作是否成功，这还需要更复杂的逻辑来进行处理。产品应始终围绕需求来实现功能，因此选择何种处理逻辑需要遵从最终的客户需求。

9.5.3 实现文章评论功能

文章评论按层级可分为一级评论和二级评论两种，所包含的相关功能有获取文章评论、发布/删除文章评论和点赞文章评论。一级评论是以文章为主体进行的文章评论，二级评论是以文章评论为主体进

实现文章评论功能

行的评论回复。当用户发布或删除评论后，需要对评论数量进行“+1”或“-1”操作。

1. 逻辑分析

无论是一级评论还是二级评论，都具有发布评论、获取评论、删除评论和点赞/取消点赞评论四种操作，可以使用相同的逻辑去实现。需要注意的是，一级评论和二级评论使用的是同一个文本输入框，因此要根据使用场景对用户评论的对象做出区分，思路如下。

（1）发布文章评论

当用户直接单击文本输入框时，会出现两种情况，第一种情况为存在历史输入状态，即用户上一次进入输入状态时输入了内容但未进行发布且退出输入状态，此时文本输入框中的文本内容和评论对象应保持不变（恢复上次的输入状态），若用户手动将文本输入框内文本内容清空并重新唤醒键盘，则会将评论对象切换为“文章”；第二种情况为不存在历史输入状态，文本输入框内文本内容为空，此时会将评论对象设置为“文章”。在发布评论成功后，清空文本输入框中的文本内容。

（2）发布评论回复

当用户单击评论区中的回复按钮时，会出现三种情况，第一种情况为存在历史输入状态且当前评论对象与上次评论对象相同，此时文本输入框中的文本内容和评论对象应保持不变；第二种情况为存在历史输入状态且当前评论对象与上次评论对象不同（上次评论对象可能是文章或其他评论），此时需要清空文本输入框中的文本内容，并将评论对象切换为当前“评论”；第三种情况为不存在历史输入状态，文本输入框内文本内容为空，此时将评论对象切换为当前“评论”。在第一、二种情况下，若用户手动将文本输入框内文本内容清空并重新唤醒键盘，则会将评论对象切换为“文章”。在发布评论成功后，清空文本输入框中的文本内容。

在静态页面制作部分，已经对评论区内容呈现方式做过一些处理，并将评论封装为组件，在本任务中，将接口调用方法和需要呈现的数据传递给评论组件即可，即在父组件（文章详情页）中完成接口请求，然后将封装好的方法和数据传递给子组件（评论组件）。

软件开发是一种无形的生产过程，实施者一定要在编码之前理清思路，进行逻辑分析，必要时编写详细设计文档并在团队中进行确认，然后再编码实现。掌握良好的分析问题、解决问题的方法，将会受益终身。

2. 接口分析

实现文章评论相关功能共需要四个接口，分别为查询文章评论、发布文章评论、删除文章评论和文章评论点赞/取消点赞接口，接口详情如下。

（1）查询文章评论接口

API 地址：{{HOST_API}}/comment。

API 请求方式：GET。

API 请求：见表 9-9 与表 9-10。

表 9-9　Header 请求参数

参数字段名	数据类型	说明
token	Text	认证令牌

表 9-10　Query 请求参数

参数字段名	数据类型	说明
page	Text	页数
articleId	Text	文章 ID
parentId	Text	一级评论 ID

（2）发布文章评论接口

API 地址：{{HOST_API}}/comment。

API 请求方式：POST。

API 请求：见表 9-11 与表 9-12。

表 9-11　Header 请求参数

参数字段名	数据类型	说明
token	Text	认证令牌

表 9-12　Body 请求参数

参数字段名	数据类型	说明
content	String	评论内容
articleId	String	文章 ID
parentId	String	一级评论 ID

（3）删除文章评论接口

API 地址：{{HOST_API}}/comment/:commentId。

API 请求方式：POST。

API 请求：见表 9-13 与表 9-14。

表 9-13　Header 请求参数

参数字段名	数据类型	说明
token	Text	认证令牌

表 9-14　路径请求参数

参数字段名	数据类型	说明
commentId	Text	评论 ID

（4）文章评论点赞/取消点赞接口

API 地址：{{HOST_API}}/comment-like。

API 请求方式：POST。

API 请求：见表 9-15 与表 9-16。

表 9-15　Header 请求参数

参数字段名	数据类型	说明
token	Text	认证令牌

表 9-16　Query 请求参数

参数字段名	数据类型	说明
commentId	Text	评论 ID

3. 代码实现

在 article-details.js 中，编写调用查询文章评论、发布文章评论、删除文章评论和文章评论点赞/取消点赞接口的方法，关键代码如下。

文件路径：api/community/article-details.js

```
01. import request from "@/api/index.js"
02. /* 省略部分代码 */
03. // 查询文章评论
04. export function getComment(articleId, page = 1, parentId = null) {
05.     let parentIdStr = parentId != null ? `&parentId=${parentId}` : ''
06.     return request({
07.         url: `/comment?articleId=${articleId}&page=${page}` + parentIdStr,
08.         method: "get",
09.     })
10. }
11.
12. // 发布文章评论
13. export function postSendCommentApi(content = '', articleId = '', parentId = '0') {
14.     return request({
15.         url: `/comment`,
16.         method: "post",
17.         data: {
18.             "content": content,
19.             "parentId": parentId,
20.             "articleId": articleId,
21.             "link": ""
22.         }
23.     })
24. }
25.
26. // 删除文章评论
27. export function deleteReplyApi(e) {
28.     return request({
29.         url: `/comment/${e}`,
30.         method: "delete",
31.     })
32. }
33.
34. // 文章评论点赞/取消点赞
35. export function postreplyThumbsUpApi(commentId) {
36.     return request({
37.         url: `/comment-like?commentId=${commentId}`,
38.         method: "post"
39.     })
40. }
```

在 article-details.vue 中，引入上面四个接口请求方法，并将它们传递给评论组件，关键代码如下。

文件位置：pages/community/article-details/article-details.vue

```
01. <template>
02. <!-- 省略部分代码 -->
03.    <!-- 评论 -->
04. <common-comments :creatorUserId="articleContent.
user.userId" :currentUserId="userId"
05.        :loadMainCommentData="handleGetMainCommentList":
loadChildCommentData="handleGetChildCommentList"
06.        :removeCommentData="handleRemoveCommentData":
sendCommentData="handleSendCommentData"
07.        :likeComment="handleLikeComment" :commentNum=
"commentNum" :props="commentProps">
08.    </common-comments>
09. <!-- 省略部分代码 -->
10. </template>
11.
12. <script>
13.    import {
14.        // 获取文章内容
15.        getArticleContentApi,
16.        // 关注用户
17.        postUserFollowApi,
18.        // 文章转发
19.        addShare,
20.        // 文章点赞
21.        postArticleThumbsUpApi,
22.        // 评论点赞
23.        postreplyThumbsUpApi,
24.        // 获取评论
25.        getComment,
26.        // 发表评论
27.        postSendCommentApi,
28.        // 删除评论
29.        deleteReplyApi,
30.    } from '@/api/community/article-details.js'
31.    export default {
32.        data() {
33.            return {
34.                /* 省略部分代码 */
35.                // 评论组件映射配置
36.                commenProps: {
37.                    content: 'content',
38.                    avatar: "avatar",
39.                    commentId: "commentId",
40.                    commentsNum: "commentsNum",
41.                    content: "content",
42.                    createTime: "createTime",
43.                    likeNum: 'likeNum',
```

名师解惑：通过 props 将接口请求方法传递给评论组件，由评论组件去触发这些方法的调用，实现组件解耦，提高组件通用性。

每个组件都是集体的一分子，都有自己的职责和任务，犹如社会的角色分工，这种分工合作使得整个系统运行高效、稳定，便于维护和扩展。

```
44.                 likeStatus: "status",
45.                 userId: "userId",
46.                 userName: "userName",
47.                 wasRepliedName: 'wasRepliedName',
48.             }
49.         };
50.     },
51.     /* 省略部分代码 */
52. methods: {
53.         /* 省略其余代码 */
54.         // 加载一级评论列表
55.         async handleGetMainCommentList(data) {
56.             const {
57.                 data: res
58.             } = await getComment(this.articleId, data.page)
59.             this.commentNum = res.data.list.total;
60.             return {
61.                 pages: res.data.list.pages,
62.                 data: res.data.list.records,
63.                 success: res.success
64.             }
65.         },
66.         // 加载二级评论列表
67.         async handleGetChildCommentList(data) {
68.             const {
69.                 data: res
70.             } = await getComment(this.articleId, data.page, data.ext.commentId)
71.             return {
72.                 pages: res.data.list.pages,
73.                 data: res.data.list.records,
74.                 success: res.success
75.             }
76.         },
77.         // 删除评论
78.         async handleRemoveCommentData(data) {
79.             let {
80.                 data: res
81.             } = await deleteReplyApi(data.commentId);
82.             res.success && this.commentNum--
83.             return {
84.                 success: res.success
85.             }
86.         },
87.         // 发布评论
88.         async handleSendCommentData(data) {
89.             let type = data.type;
90.             let content = data.content;
91.             let args = [];
92.             // 发布文章评论
93.             if (type == 0) {
```

```
94.             args = [content, this.articleId];
95.           // 回复文章评论
96.           } else {
97.             let commentId = data.data.commentId;
98.             args = [content, this.articleId, commentId];
99.           }
100.          let {
101.            data: res
102.          } = await postSendCommentApi(...args);
103.          // 评论成功后，评论数+1
104.          res.success && this.commentNum++
105.          return {
106.            success: res.success,
107.            data: res.data.comment
108.          }
109.        },
110.        // 点赞评论
111.        async handleLikeComment(data) {
112.          let commentId = data.commentId;
113.          let status = data.status;
114.          let likeNum = data.likeNum;
115.          let {
116.            data: res
117.          } = await postreplyThumbsUpApi(commentId);
118.          !status ? likeNum++ : likeNum--;
119.          return {
120.            success: res.success,
121.            status: !status,
122.            likeNum: likeNum
123.          }
124.        },
125.      }
126.    }
127. </script>
```

9.6 任务测试

任务测试见表 9-17。

表 9-17　任务测试

测试条目	是否通过
进入文章详情页时通过接口获取文章标题、正文和发布信息，以及文章转发、评论和点赞的数量，并将它们呈现	
单击文章正文下方的“点赞”按钮，可以实现对文章的点赞或取消点赞，同时点赞数量+1 或-1	

（续）

测试条目	是否通过
单击文章正文下方的“转发”按钮，可以唤醒转发弹窗，转发后转发数量+1	
单击“关注”按钮，可以对文章发布者进行关注或取消关注	
进入文章详情页时通过接口获取文章评论并将其呈现	
单击界面底部评论文本输入框，可唤醒键盘以对文章进行评论，评论成功后评论数量+1	
长按评论可唤醒弹窗以对评论进行删除，删除成功后评论数量-1	

9.7 学习自评

学习自评见表 9-18。

表 9-18 学习自评

评价内容	了解/掌握
是否了解 H5 端实现转发功能的方法	
是否掌握 uni.showLoading 和 uni.hideLoading 方法的使用	
是否掌握利用分割和拼接的方式实现字符串与数组之间的转换	

9.8 课后练习

1. 选择题

（1）在 uni-app 中，可以使用（　　）方法显示加载状态。

A．uni.showLoading　　B．uni.showToast

C．uni.showModal　　D．uni.showOptionDialog

（2）在 uni-app 中，可以使用（　　）方法将图片地址字符串按指定字符分割成图片地址数组。

A．split　　B．substring　　C．replace　　D．toLowerCase

（3）“启嘉校园”项目文章详情页的评论区展示结构是（　　）。

A．平铺式　　B．主题式　　C．盖楼式　　D．以上选项均不是

2. 填空题

（1）在 uni-app 中，可以使用______方法隐藏加载状态。

（2）在 uni-app 中，可以通过______方法设置转发信息。

3. 简答题

简述在 uni-app 中如何解决微信小程序端和 H5 端（如微信公众号网页）在转发功能上的实现差异问题。

9.9 任务拓展

1. 知识拓展

本任务实现了在微信小程序端的文章转发功能，但是当项目发布到 H5 端或者 App 端时，会发现转发功能无法使用，这是因为 H5 端和 App 端的转发功能需要用不同的处理方式实现。

（1）H5 端（微信内置浏览器）转发功能实现

想要实现 H5 端微信内置浏览器中的转发功能，需要以下几个步骤。

首先，在微信公众号平台配置 AppID，如图 9-2 所示。

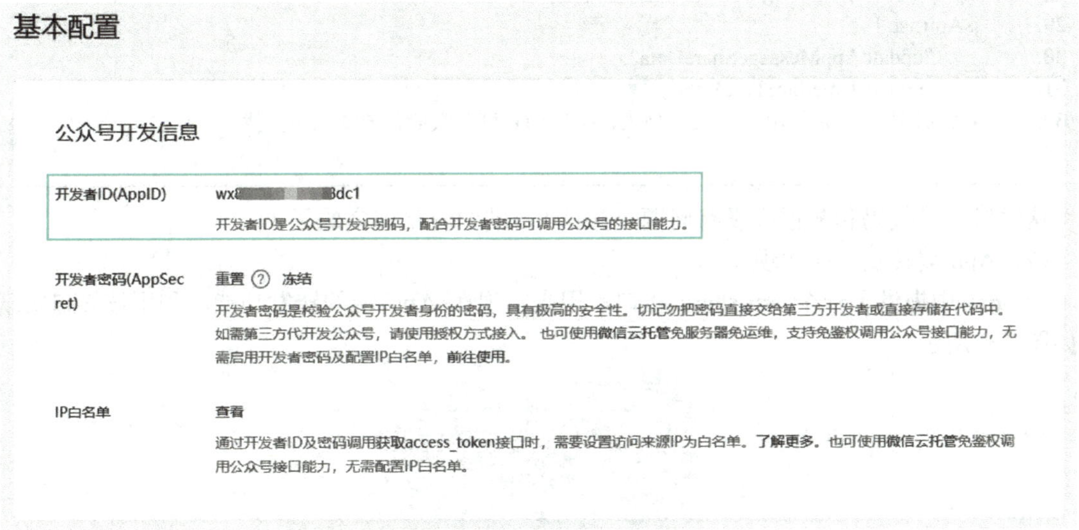

基本配置

公众号开发信息

开发者ID(AppID)　wx▇▇▇▇▇▇dc1
开发者ID是公众号开发识别码，配合开发者密码可调用公众号的接口能力。

开发者密码(AppSecret)　重置 ⓘ 冻结
开发者密码是校验公众号开发者身份的密码，具有极高的安全性。切记勿把密码直接交给第三方开发者或直接存储在代码中。如需第三方代开发公众号，请使用授权方式接入。也可使用微信云托管免服务器免运维，支持免鉴权调用公众号接口能力，无需启用开发者密码及配置IP白名单，前往使用。

IP白名单　查看
通过开发者ID及密码调用获取access_token接口时，需要设置访问来源IP为白名单。了解更多。也可使用微信云托管免鉴权调用公众号接口能力，无需配置IP白名单。

图 9-2　配置 AppID

其次，通过 NPM 安装微信 JSSDK 模块“jweixin-module”。

最后，在需要转发的页面中编写相关代码：

```
01. // 引入模块
02. let jweixin = require('jweixin-module');
03. // 配置分享内容
04. let ShareConfig = {
05.         title: ``, // 分享标题
06.         desc: "", // 分享详情
07.         link: "", // 分享链接
08.         imgUrl: "", // 分享封面图
09. };
10. // 配置分享信息
11. jweixin.ready(() => {
12.         ShareConfig.link = "分享地址";
13.         ShareConfig.desc = "分享文案";
14.         // 需要在用户可能单击分享按钮前就先调用
```

```
15.         jweixin.updateAppMessageShareData(ShareConfig);
16.         jweixin.updateTimelineShareData(ShareConfig);
17. });
18.
19. // response 为存储后端接口返回的签名、时间戳等内容的对象
20. let response = {}
21.
22. // 通过 config 接口注入权限验证配置
23. jweixin.config({
24.         debug: false, // 开启调试模式
25.         appId: "wx8a********f88dc1", // 必填，公众号的唯一标识
26.         timestamp: Number(response.Timestamp), // 必填，生成签名的时间戳
27.         nonceStr: response.NonceStr, // 必填，生成签名的随机字符串
28.         signature: response.Signature, // 必填，签名
29.         jsApiList: [
30.                 "updateAppMessageShareData",
31.                 "updateTimelineShareData",
32.         ], // 必填，需要使用的 JS 接口列表，接口列表可在微信开放文档中查找
33. });
```

这时候如果代码和配置都没有问题，微信 H5 端的分享就完成了。

（2）App 端转发功能实现

uni-app 中提供了一个 uni-share 接口，用来实现在 App 端的转发功能，利用该接口实现效果如图 9-3 所示。

图 9-3　App 端转发功能实现

由于有内置接口，因此在 App 端实现此功能比较简单，下面通过官方文档中给出的示例为读者进行该功能的代码演示。

```
01. <template>
02.     <button type="default" @click="uniShare">显示</button>
```

```
03. </template>
04. <script>
05.     import UniShare from 'uni_modules/uni-share/js_sdk/uni-share.js';
06.     const uniShare = new UniShare();
07.     export default {
08.         onBackPress({
09.             from
10.         }) {
11.             console.log(from);
12.             if (from == 'backbutton') {
13.                 this.$nextTick(function() {
14.                     uniShare.hide()
15.                 })
16.                 return uniShare.isShow;
17.             }
18.         },
19.         methods: {
20.             uniShare() {
21.                 uniShare.show({
22.                     content: { // 公共分享参数配置：类型（type）、链接（href）、标题（title）、summary（描
                                // 述）、imageUrl（缩略图）
23.                         type: 0,
24.                         href: 'https://uniapp.dcloud.io/',
25.                         title: '标题',
26.                         summary: '描述',
27.                         imageUrl: 'https://img-cdn-aliyun.dcloud.net.cn/stream/icon/__UNI__HelloUniApp.png'
28.                     },
29.                     menus: [{
30.                             "img": "/static/app-plus/sharemenu/wechatfriend.png",
31.                             "text": "微信好友",
32.                             "share": { // 当前项的分享参数配置。可覆盖的公共配置如下：分享到微信小程序，
                                       // 配置 type 为 5
33.                                 "provider": "weixin",
34.                                 "scene": "WXSceneSession"
35.                             }
36.                         },
37.                         {
38.                             "img": "/static/app-plus/sharemenu/wechatmoments.png",
39.                             "text": "微信朋友圈",
40.                             "share": {
41.                                 "provider": "weixin",
42.                                 "scene": "WXSceneTimeline"
43.                             }
44.                         },
45.                         {
46.                             "img": "/static/app-plus/sharemenu/mp_weixin.png",
47.                             "text": "微信小程序",
48.                             "share": {
49.                                 provider: "weixin",
50.                                 scene: "WXSceneSession",
```

```
51.                         type: 5,
52.                         miniProgram: {
53.                             id: '123',
54.                             path: '/pages/list/detail',
55.                             webUrl: '/#/pages/list/detail',
56.                             type: 0
57.                         },
58.                     }
59.                 },
60.                 {
61.                     "img": "/static/app-plus/sharemenu/weibo.png",
62.                     "text": "微博",
63.                     "share": {
64.                         "provider": "sinaweibo"
65.                     }
66.                 },
67.                 {
68.                     "img": "/static/app-plus/sharemenu/qq.png",
69.                     "text": "QQ",
70.                     "share": {
71.                         "provider": "qq"
72.                     }
73.                 },
74.                 {
75.                     "img": "/static/app-plus/sharemenu/copyurl.png",
76.                     "text": "复制",
77.                     "share": "copyurl"
78.                 },
79.                 {
80.                     "img": "/static/app-plus/sharemenu/more.png",
81.                     "text": "更多",
82.                     "share": "shareSystem"
83.                 }
84.             ],
85.             cancelText: "取消分享",
86.         }, e => {
87.             console.log(uniShare.isShow);
88.             console.log(e);
89.         })
90.     }
91.     }
92. }
93. </script>
```

2. 功能拓展

通过本任务的学习，可以基本掌握文章详情页的业务逻辑和技术要点，本节将继续完成商品详情页的制作。反复锤炼、夯实技能、精益求精、追求卓越，为将来胜任岗位奠定坚实的基础。

利用商品详情页设计图（可参考图 9-4）和接口文档实现以下具体功能。

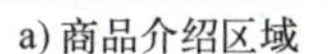

a) 商品介绍区域　　b) 商品评论区域

图 9-4　商品详情页效果图

- 商品详情页展示发布人信息、商品标题、商品图片、商品描述及商品价格。
- 可以对商品发布者进行关注或取消关注操作。
- 可以对商品进行点赞和取消点赞操作。
- 可以对商品评论，也可对其他用户的评论进行回复。
- 可以获取评论和删除评论（只能删除自己发布的评论）。
- 商品图片以轮播图的方式进行展示，最多展示 9 张图片。

3. 案例拓展

某社区为了建立健全服务机制、更好地服务社区居民，决定搭建一个社区信息发布和反馈平台，能够让居民及时了解相关利民政策与当地资讯，同时支持社区居民通过平台对发布的信息进行反馈和评价。

请你根据以上需求完成平台的设计与开发。

任务 10 项目测试

10.1 任务描述

本书以讲解前端开发技术为主，其中测试相关知识仅作为了解内容。本任务将通过“知识储备”部分讲解项目测试相关知识，包括测试的基本概念、测试的作用、测试实践方法及常用的测试工具等，并带领读者编写部分测试用例，学习测试用例的编写方法。通过对测试知识的学习，学习者可以更好地理解前端开发中测试的重要性。

10.2 任务效果

任务效果如图 10-1 所示。

测试用例编号	功能点	用例说明/标题	前置条件	测试数据/输入	执行步骤	预期结果	实际结果	重要程度	执行用例测试结果	编写时间
4.我的模块（测试用例个数：29个）										
mine-01	我的	测试未登录下能否点击需要用户登录才能显示的功能	1.未登录	无	1.未登录情况下依次点击我的文章、我的关注、我的粉丝	提示当前未登录	提示：请先进行登录	p0	通过	2023-11-1
mine-02	我的	退出登录后，能否点击其他功能	1.登录后退出	无	1.登录并退出后依次点击我的文章、我的关注、我的粉丝	提示当前未登录	提示：请先进行登录	p0	通过	2023-11-1
mine-03	我的	修改个人资料中的性别修改性别是否成功	1.登录成功	无	1.登录成功后点击个人资料 2.将性别进行修改，保存查看	正常修改无错误	保存成功	p0	通过	2023-11-1
mine-04	我的	修改个人资料中的手机号 查看是否可输入汉字 保存查看	1.登录成功	汉字字符	1.登录成功后点击个人资料 2.将手机号进行修改 3.查看是否可输入其他值，保存查看	不可输入除数字外的值	提示：请输入正确手机号	p0	通过	2023-11-1
mine-05	我的	修改个人资料中的手机号 查看是否可输入英文字母 保存查看	1.登录成功	英文字母 asdasdasdads	1.登录成功后点击个人资料 2.将手机号进行修改 3.查看是否可输入其他值，保存查看	不可输入除数字外的值	提示：请输入正确手机号	p0	通过	2023-11-1
mine-06	我的	修改个人资料中的手机号 查看是否可输入空白符间隔 保存查看	1.登录成功	空白间隔符	1.登录成功后点击个人资料 2.将手机号进行修改 3.查看是否可输入其他值，保存查看	不可输入除数字外的值	提示：请输入正确手机号	p0	通过	2023-11-1
mine-07	我的	修改个人资料中的昵称查看昵称能否正常修改	1.登录成功	修改个人昵称为世事浮云何足问0	1.登录成功后点击个人资料 2.将昵称进行修改 3.查看是否正确修改，且其他模块做出相应改变	正常修改，其他模块对应改变	正常修改，其他模块对应改变	p0	通过	2023-11-1
mine-08	我的	测试个人资料昵称最大长度	1.登录成功	修改个人昵称为111111111	1.登录成功后点击个人资料 2.将昵称进行修改 3.查看能否正确修改、有无长度限制	昵称修改成功	提示：你的昵称太长了，换一个	p0	通过	2023-11-1

图 10-1　测试用例

10.3 学习目标

素养目标

- 通过了解测试的重要性，树立学习者关注产品质量和用户体验的意识。
- 通过学习编写测试用例，帮助学习者养成细心和耐心的良好习惯。

知识目标

- 了解什么是项目测试。
- 了解测试的发展史。
- 了解测试的作用。
- 了解测试的类型。
- 了解测试的重要性。
- 了解测试实践方法。
- 了解测试常用工具。
- 掌握测试用例的编写方法。

能力目标

- 能够使用文档编辑工具编写测试用例。
- 能够在实际工作中配合测试人员进行项目测试。

uni-app 基础知识 07 之工程化概述

10.4 知识储备

10.4.1 什么是测试

测试是指对软件或系统进行检测和验证的过程，以确定其是否满足规格说明书或用户需求。测试可以通过模拟各种情况来检查软件的功能、性能、安全性、兼容性等方面。测试可以帮助开发团队确保软件质量，减少缺陷与故障的发生，提升用户满意度。

10.4.2 软件测试发展史

软件测试是伴随着软件的出现而产生的。软件发展早期，软件规模很小、复杂程度很低，软件开发过程混乱无序、相当随意，测试的含义比较窄，开发人员将测试等同于“调试”，目的是排除软件中的已知故障，开发人员经常自己完成这部分工作。这个时期，对测试的投入极少，测试介入时间也很晚，经常会在代码形成，即产品已经基本成型时才进行测试。到了 20 世纪 80 年代初期，IT 技术快速发展，软件趋向大型化，复杂度越来越高，质量越来越重要。这个时期，一些软件测试的基础理论和实用技术开始形成，人们开始为软件开发设计了各种流程和管理方法，软件开发逐渐由混乱无序过渡到结构化，以结构化分析与设计、结构化评审、结构化程序设计以及结构化测试为特征。人们还将“质量”的概念融入其中，软件测试的定义发生了改变，测试不再单纯是一个发现错误的过程，而作为软件质量保证的主要职能，包含软件质量评价的内容。Bill Hetzel 在 *The Complete Guide to Software Testing* 一书中指出：“测试是以评价一个程序或者系统属性为目标的任何一种活动。测试是对软件质量的度量。”这个定义至今仍被引用。软件开发人员和测试人员开始坐在一起探讨软件工程和测试问题。

软件测试已有其行业标准，1983 年，IEEE（Institute of Electrical and Electronics Engineer，电气电子工程师协会）在其提出的软件工程术语中给软件测试下的定义是：“软件测试是使用人工或自动的手段来运行或测定某个软件系统的过程，其目的在于检验软件系统是否满足规定的需求或弄清预期结果与实际结果之间的差别”。这个定义明确指出，软件测试的目的是检验软件系统是否满足需求，不再是一项一次性的、只在开发后期开展的活动，而是与整个开发流程融于一体。软件测试已发展成为一个专业，需要运用专业方法和手段，还需要专业人才来实施。

10.4.3 软件测试的作用

软件测试的作用和重要性

软件测试作为软件质量保证的重要手段，应尽早融入软件开发过程中，并且要确保测试工作的客观、准确、系统、可靠。作为软件测试人员，一定要有较强的质量意识，与团队成员密切协作、充分沟通，以确保测试工作顺利进行。通过保障软件质量，为国有软件的发展和信息安全做出贡献。软件测试的作用主要体现在以下几点。

- 发现缺陷：测试可以发现软件中的缺陷和错误，并及时通知开发团队修复，确保软件质量。
- 提高可靠性：测试可以验证软件的可靠性，确保软件在各种情况下都能正常工作。
- 确保兼容性：测试可以检查软件的兼容性，确保软件能在各种操作系统、浏览器和设备上正常工作。
- 提高性能：测试可以评估软件的性能，并发现性能问题，确保软件能够满足用户的需求。

10.4.4 软件测试的重要性

在开发软件时，很少有人会质疑质量控制的必要性。延迟交付或软件缺陷会损害品牌声誉，从而导致客户失去信心，进而流失客户。在极端情况下，错误或缺陷可能会降低互联系统的性能或导致严重故障。

虽然测试本身会产生一定的开销，但如果采用良好的测试方法和质量保证流程，每年可以在开发和支持方面节省很多。开发团队越早收到测试反馈，就能越早解决架构缺陷、糟糕的设计决策、无效或不正确的功能、安全漏洞、可扩展性等问题。

如果开发过程中留出了足够的测试时间，那么可以提高软件的可靠性，并交付高质量应用程序。满足甚至超出客户预期的系统可能会带来更多的销售额和更大的市场份额。

10.4.5　软件测试的类型

目前存在多种不同类型的软件测试，而每种软件测试都具有特定的目标和策略。

- 验收测试：验证整个系统是否按预期工作。
- 集成测试：确保软件组件或功能可以一起运行。
- 单元测试：验证每个软件单元是否按预期执行。单元是应用程序中最小的可测试组件。
- 功能测试：根据功能需求，通过模拟业务场景来检查功能。黑盒测试是验证功能的常用方法。
- 性能测试：测试软件在不同工作负载下的表现。例如，负载测试用于评估真实负载条件下的性能。
- 回归测试：检查新功能是否破坏或降低功能的效果。如果没有时间进行完整的回归测试，那么可以使用健全测试在表面级别验证菜单、功能和命令。
- 压力测试：测试系统在崩溃之前可以承受多大的压力，这是一种非功能性测试。
- 可用性测试：验证客户使用系统或 Web 应用程序完成任务的程度。

在所有情况下，验证基本要求都是一项关键评估。同样重要的是，探索性测试可帮助测试人员或测试团队发现可能导致软件错误的、难以预测的场景和情况。

即使是一个简单的应用程序，也可能需要接受大量不同的测试。测试管理计划有助于优先考虑在可用时间和资源固定的情况下哪些类型的测试可以提供最大价值。通过运行最少的测试来找出最多的缺陷，以优化测试效率。

10.4.6　软件测试最佳实践

软件测试遵循一个通用过程，此过程包括定义测试环境、开发测试用例、编写脚本、分析测试结果和提交缺陷报告。

测试可能非常耗时。对于小型系统，手动测试或临时测试可能就足够了。但是，对于大型系统，通常会使用一些工具来自动执行任务，即自动化测试。自动化测试可帮助团队实施不同的场景，测试差异化因素（例如将组件迁移到云环境中），并快速获得关于哪些组件有效和哪些组件无效的反馈，优秀的测试方法应包括应用程序接口（API），涉及用户界面和系统级别，自动化测试越多，运行得越早，效果就越好。有些公司的研发团队会构建内部自动化测试工具。

10.4.7　软件测试常用工具

软件测试工具在软件测试中扮演着至关重要的角色，它们可以提高测试效率、准确度、可重复性，并降低测试成本。通过使用测试工具，测试人员可以自动化执行测试用例，快速、准确地发现和跟踪问题，并生成详细的测试报告。此外，测试工具还具有易于管理和维护、支持多种平台和语言，以及安全性高等优点。测试工具成为软件测试中的重要测试手段。

- 自动化测试工具：如 Selenium、Appium、JMeter 等，可以自动执行测试用例和生成测试报告，提高测试效率。
- 缺陷管理工具：如 Jira、Bugzilla 等，用于跟踪和管理缺陷。
- 性能测试工具：如 LoadRunner、JMeter 等，用于测试软件的性能指标。
- 安全测试工具：如 Burp Suite、Nessus 等，用于测试软件的安全性。

- 模拟器和仿真器：如 Android 模拟器、Xcode 模拟器等，用于测试移动设备上的应用程序。
- 测试管理工具：如 TestRail、Zephyr 等，用于管理测试计划、测试用例、测试结果和缺陷跟踪等。

10.5 任务实施

10.5.1 划分功能模块

下面以测试“启嘉校园”项目个人资料页（见图 10-2）相关功能为例编写测试用例，首先需要对个人资料页中包含的功能进行模块划分，以便后续按模块分开测试，提高测试的精准性。

划分“个人资料页”功能模块

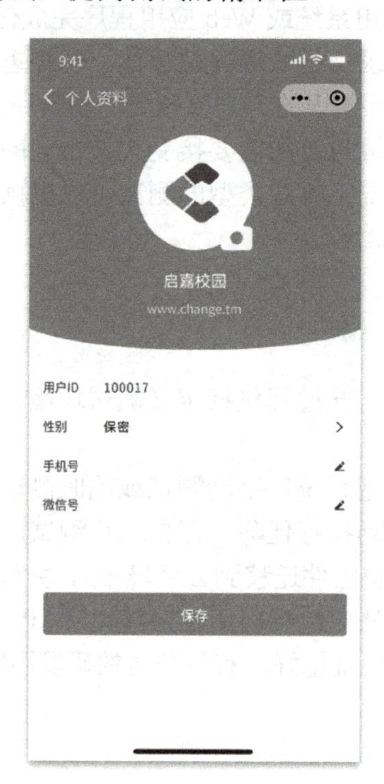

图 10-2 个人资料页效果图

个人资料页功能模块划分情况见表 10-1。

表 10-1 个人资料页功能模块划分

需求编号	模块名称	功能名称
1	个人资料	头像上传
2	个人资料	修改个人昵称
3	个人资料	修改个人签名
4	个人资料	修改手机号
5	个人资料	修改微信号

10.5.2　设计并编写测试用例

在完成功能模块划分后，通过等价类划分、判定表等黑盒测试方法，设计各个功能模块的测试用例。下面以个人昵称和手机号修改功能为例介绍测试用例的设计。

1. 个人昵称修改功能测试用例设计

（1）有效等价类

- 输入昵称长度在规定范围内。
- 输入昵称包含字母、数字或特殊字符。
- 新昵称与系统中现有的昵称不重复。

（2）无效等价类

- 输入为空。
- 输入昵称长度过长。
- 输入昵称带有敏感词。
- 用户输入的昵称与系统中已有昵称重复。

2. 手机号修改功能测试用例设计

（1）有效等价类

输入长度为 11 位的有效手机号。

（2）无效等价类

- 输入为空。
- 输入长度小于 11 位。
- 输入长度大于 11 位。
- 输入非自然数（字母、符号等）。

最后，按照测试用例模板中的 8 种要素：编号、用例标题、项目/模块、前置条件、测试步骤、测试数据、预期结果和重要程度，完成相关功能测试用例的编写。测试用例可以使用 Excel 文档进行编写，例如，为修改个人资料中的手机号功能编写测试用例，结果如图 10-3 所示。

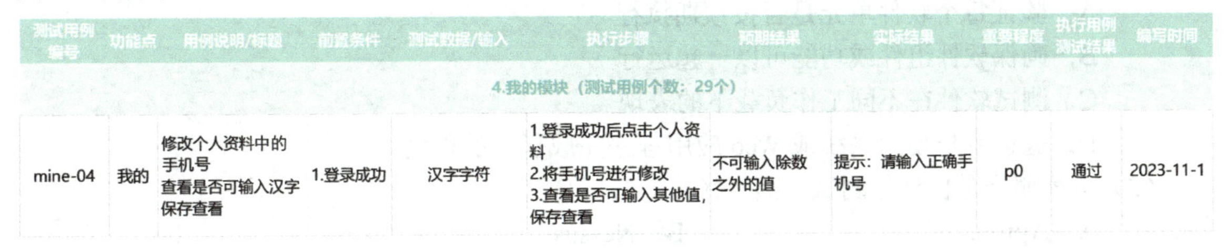

测试用例编号	功能点	用例说明/标题	前置条件	测试数据/输入	执行步骤	预期结果	实际结果	重要程度	执行用例测试结果	编写时间
4.我的模块（测试用例个数：29个）										
mine-04	我的	修改个人资料中的手机号 查看是否可输入汉字保存查看	1.登录成功	汉字字符	1.登录成功后点击个人资料 2.将手机号进行修改 3.查看是否可输入其他值，保存查看	不可输入除数之外的值	提示：请输入正确手机号	p0	通过	2023-11-1

图 10-3　修改个人资料中的手机号测试用例

10.6　任务测试

任务测试见表 10-2。

表 10-2　任务测试

测试条目	是否通过
使用 Excel 编写个人资料页测试用例，测试用例中包含手机号、个人昵称、个人签名和微信号修改以及头像上传功能点测试条目	

10.7 学习自评

学习自评见表 10-3。

表 10-3　学习自评

评价内容	了解/掌握
是否了解什么是测试	
是否了解测试的发展史	
是否了解测试的作用	
是否了解测试的重要性	
是否了解测试类型	
是否了解测试实践方法	
是否了解测试常用工具	

10.8 课后练习

1. 选择题

（1）在软件开发团队中，哪种岗位成员通常负责编写测试用例？（　　）

A. 项目经理　　B. 开发工程师
C. 测试工程师　　D. 技术支持工程师

（2）在软件测试中，（　　）是性能测试的主要目的。

A. 验证每个软件单元是否按预期执行
B. 确保软件组件或功能可以一起运行
C. 测试软件在不同工作负载下的表现
D. 验证客户使用系统或 Web 应用程序完成任务的程度

（3）下列哪项是自动化测试工具？（　　）

A. Appium　　B. Nessus
C. LoadRunner　　D. JIRA

2. 填空题

（1）软件测试是指对软件或系统进行____和____的过程。

（2）测试可以检查软件的_____，确保软件能在各种操作系统、浏览器和设备上正常工作。

3. 简答题

简要说明为什么编写测试用例是软件测试过程中的关键步骤。

10.9 任务拓展

请编写“启嘉校园”项目“我的”模块中所有功能模块的测试用例，并按照测试用例测试项目功能是否存在缺陷。

任务 11 项目部署与发布

11.1 任务描述

本任务将使用 HBuilderX 完成“启嘉校园”项目的发布，以发布到 H5 端和微信小程序为例，讲解 uni-app 项目发布的操作步骤和相关注意事项。

11.2 任务效果

任务效果如图 11-1 所示。

图 11-1　小程序版本管理

11.3 学习目标

素养目标

- 通过讲解 uni-app 项目发布，帮助学习者坚持目标导向和锻炼执行力，能够坚定不移地执行计划，确保任务圆满完成。
- 通过讲解 uni-app 多端发布，树立学习者遵守规则的意识，培养良好的开发习惯。

知识目标

- 了解 uni-app 项目发布流程。
- 掌握 uni-app 项目的配置方法。
- 掌握 HBuilderX 打包项目的方法。
- 掌握云服务部署 H5 项目的方法。
- 掌握 uni-app 项目发布到微信小程序的方法。

能力目标

- 能够使用 HBuilderX 发布 uni-app 项目到 H5 端。
- 能够使用 HBuilderX 发布 uni-app 项目到微信小程序。

11.4 知识储备——uni-app 项目发布

uni-app 项目发布

发布 uni-app 项目需要一定的流程，需要仔细阅读各个平台的发布指南和官方文档，按照要求进行操作。同时，也要注意保持对 uni-app 框架更新的了解，以便更好地开发和应用。

使用 uni-app 发布项目流程如下。

1）确保项目已经开发完成，并且通过测试。

2）打开 uni-app 项目所在文件夹，找到项目根目录。

3）在根目录下找到 manifest.json 文件，它是 uni-app 项目的配置文件，其中包含项目的基本信息和各种设置。

4）在 manifest.json 文件中找到发布平台特有配置字段（如 App 平台为 app-plus，H5 平台为 h5，微信小程序平台为 mp-weixin），该字段用于配置 uni-app 的扩展功能。

5）在发布平台特有配置字段下添加需要发布项目的平台的相关配置。每个平台的配置可能略有不同，具体可以参考各个平台的官方文档。

uni-app 基础知识 08 之发布 uni-app

6）根据各个平台的发布流程，进行项目的提交和审核。一般来说，需要先在平台上注册账号，然后上传项目，填写相关信息，最后提交审核。

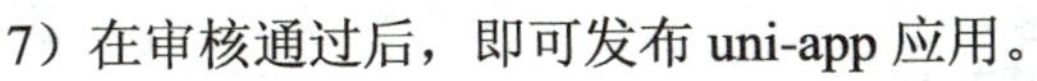
7）在审核通过后，即可发布 uni-app 应用。

11.5 任务实施

11.5.1 发布到 H5 端

发布到 H5

发布 uni-app 项目到 H5 端大概可分为配置项目信息、打包项目和部署项目三个步骤。

1. 配置项目信息

使用 HBuilderX 打开项目根目录中 manifest.json 文件（该文件是

应用的配置文件，用于指定应用的名称、图标、权限等，使用 HBuilderX 创建的项目文件在根目录中）的可视化界面，选择“h5 配置”，配置页面标题、路由模式、应用基础路径等信息（发布在网站根目录时可不配置应用基础路径），如图 11-2 所示。

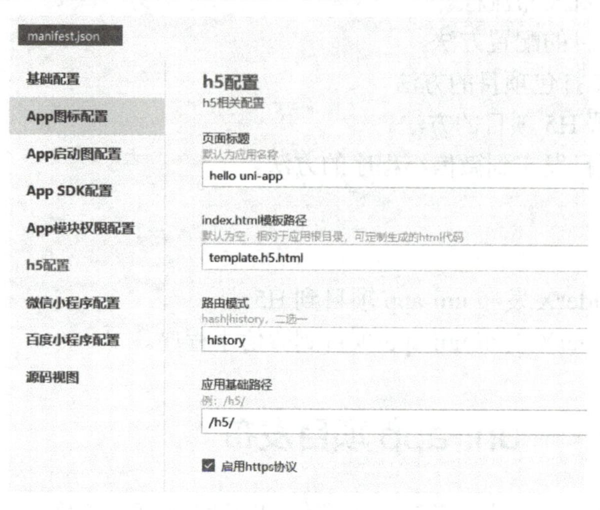

图 11-2 h5 配置

关于路由模式配置，需要注意：

- history 模式是通过浏览历史记录栈的 API 实现的，hash 模式是通过监听 location 对象 hash 值的变化实现的。
- hash 模式的路由地址中带有符号#，比如在 http://localhost:8080/#/index 中，hash 值就是 #/index，在浏览器中可以通过 window.location 对象获取，刷新页面时，发送的请求 URL 不包含#后面的内容。
- history 模式使用的是 HTML5 新规范，不兼容低版本浏览器，刷新页面时，会请求完整的 URL 地址，这时如果服务器中没有对应文件，则需要做特殊处理，比如返回 404 或 index 页面。

2. 打包项目

单击 HBuilderX 工具栏中的“发行”，选择“网站-H5 手机版（仅适用于 uni-app）”，如图 11-3 所示，即可生成项目 H5 打包文件，该文件保存于 unpackage 目录。

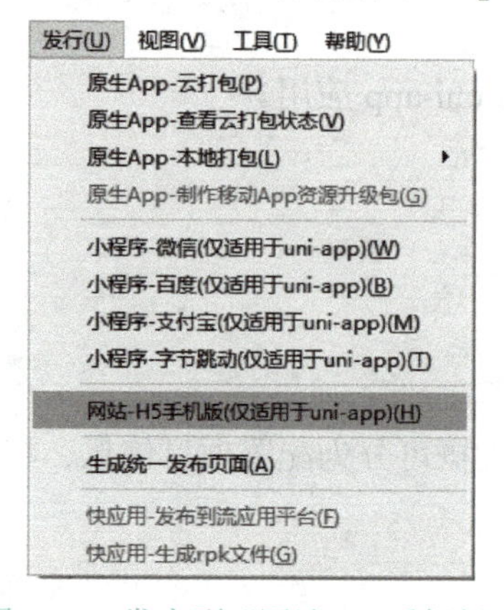

图 11-3 发布到“网站-H5 手机版”

3. 部署项目

（1）准备服务器

首先需要准备一台用来部署项目的服务器，可以自行搭建服务器，但是为了方便部署和管理，推荐使用运营商提供的云服务器，如阿里云、腾讯云等。

（2）安装 Nginx

登录服务器后，安装 Nginx，Nginx 的安装版本选择最新版，安装完成后配置网站信息。

（3）上传项目文件

将项目文件上传到服务器内 Nginx 的项目目录中，启动 Nginx，然后通过 IP 地址访问网站。

（4）配置域名解析

如果想通过域名访问网站，则需要购买域名并进行备案。以通过阿里云购买域名为例，备案流程可参考http://t.cn/A67oZRBc。在域名购买完成后，需要通过阿里云域名控制台配置域名解析来绑定 IP 地址。域名解析生效有一定的延迟，一段时间后便可以通过域名访问网站了。

11.5.2 发布到微信小程序

发布项目到微信小程序，不需要单独部署前端项目，但需要部署后端接口、数据库等服务到线上服务器，流程大概可分为部署后端服务和发布项目两个步骤。

发布到微信小程序

1. 部署后端服务

在实际开发中，后端程序的部署一般由后端开发人员或运维人员完成，前端开发人员无须过多关注后端部署。但是需要注意，基于安全考虑，微信小程序要求所有后端请求方式必须使用 HTTPS，因此还需要为后端服务配置 SSL 安全证书，否则前端将不能成功请求接口。

2. 发布项目

单击 HBuilderX 工具栏中的“发行”，选择“小程序-微信（仅适用于 uni-app）”，然后输入小程序名称和 appid，最后单击“发行”按钮即可。

如果选择手动发布，那么在单击“发行”按钮后，会在项目的 unpackage/dist/build/mp-weixin 目录中生成微信小程序项目代码。在微信小程序开发者工具中，导入生成的微信小程序项目，测试项目代码运行正常后，单击“上传”按钮，之后按照“提交审核”→“发布”这套小程序标准流程逐步操作即可，详情可通过 https://book.change.tm/u/a7 查看。

如果在发布界面中勾选了自动上传微信平台，则无须再打开微信开发者工具进行手动操作，将直接上传到微信服务器，提交审核。

11.6 任务测试

任务测试见表 11-1。

表 11-1　任务测试

测试条目	是否通过
使用 HBuilderX 打开“启嘉校园”项目配置文件，配置 H5 端项目信息	
使用 HBuilderX 成功打包“启嘉校园”项目文件	
将打包的“启嘉校园”项目部署到云服务器上，通过服务器 IP 地址成功访问项目	
使用 HBuilderX 成功发布“启嘉校园”项目到微信小程序	

11.7 学习自评

学习自评见表 11-2。

表 11-2　学习自评

评价内容	了解/掌握
是否了解 uni-app 项目发布流程	
是否掌握 uni-app 项目的配置方法	
是否掌握 HBuilderX 打包项目的方法	
是否掌握云服务部署 H5 项目的方法	
是否掌握 uni-app 项目发布到微信小程序的方法	

11.8 课后练习

1. 选择题

（1）在 uni-app 项目中，通过（　　）文件可以配置项目的基本信息。

A. manifest.json　　B. pages.json

C. vue.config.js　　D. index.html

（2）在 HBuilderX 中发布 uni-app 项目到 H5 端需要选择什么菜单？（　　）

A. 发行　　B. 构建　　C. 部署　　D. 发布

（3）在 manifest.json 文件中，（　　）字段可以设置需要发布的平台的相关配置。

A. global　　B. app　　C. pages　　D. app-plus

2. 填空题

（1）hash 模式是通过监听____对象的变化实现的。

（2）打包 uni-app 项目以生成 H5 打包文件的位置在_____目录。

3. 简答题

简述 HBuilderX 发布 uni-app 项目的步骤。

11.9 任务拓展

除了发布项目到 H5 端和微信小程序以外，还可以将 uni-app 项目发布到其他平台，如 App、百度小程序、支付宝小程序等，具体的发布方式会根据目标平台的不同而有所区别，可以参考 uni-app 官方文档中的说明。

在发布 uni-app 项目之前，还需要考虑以下几个方面的问题，包括版本管理、代码优化、跨平台开发、测试和调试、兼容性以及用户体验等。只有充分考虑这些问题，才能更好地发布和维护 uni-app 应用。

- 版本管理：在发布 uni-app 项目之前，使用 Git 等版本控制工具来管理 uni-app 项目的版本，以便更好地跟踪和管理不同版本的应用程序。
- 代码优化：在发布 uni-app 项目之前，进行一些代码优化，以提高应用程序的性能和用户体验。例如，压缩和合并代码、优化图片和资源文件等。
- 跨平台开发：uni-app 支持多个平台，但是不同的平台可能会有不同的特性和要求。因此，在发布 uni-app 项目时，需要考虑不同平台的差异，并进行相应的适配和优化。
- 测试和调试：在发布 uni-app 项目之前，需要进行充分的测试和调试。可以使用 uni-app 提供的真机和模拟器进行测试与调试，以确保应用程序在不同设备和网络环境下的稳定性与可靠性。
- 兼容性：由于不同的平台和设备可能存在差异，因此需要考虑 uni-app 应用程序的兼容性问题。可以使用 uni-app 提供的 API 和组件来保证应用程序在不同平台与设备上的兼容性。

参考文献

[1] 李杰. uni-app 多端跨平台开发：从入门到企业级实战[M]. 北京：中国水利水电出版社，2022.

[2] DCloud 公司. uni-app 官方文档[EB/OL]. [2023-12-31]. https://uniapp.dcloud.net.cn/.

[3] 腾讯公司. 微信官方文档——小程序[EB/OL]. [2023-12-31]. https://developers.weixin.qq.com/miniprogram/dev/framework/.